白喜婷 著

生物黏稠物料的超声真空干燥

U0387988

化学工业出版社

·北京·

内 容 提 要

本书介绍了超声真空干燥对黏稠物料流变特性的影响,蜂蜜、全蛋液和地黄浸膏等生物黏稠物料的干燥特性,蜂蜜、全蛋液等黏稠物料在超声真空干燥后的品质等内容。全书理论性较强,并且紧密结合实际,具有较高的原创性,对于从事生物黏稠物料超声真空干燥的技术研发人员,食品加工、农产品加工等专业师生及相关科研人员有良好的参考作用。

图书在版编目(CIP)数据

生物黏稠物料的超声真空干燥/白喜婷著.—北京:化学工业出版社,2020.8

ISBN 978-7-122-36739-6

Ⅰ.①生… Ⅱ.①白… Ⅲ.①食品加工-真空干燥②农产品加工-真空干燥 Ⅳ.①TS205.1②S37

中国版本图书馆 CIP 数据核字(2020)第 077921 号

责任编辑:邵桂林　　　　　　　　　　装帧设计:刘丽华
责任校对:王鹏飞

出版发行:化学工业出版社(北京市东城区青年湖南街 13 号　邮政编码 100011)
印　　装:北京七彩京通数码快印有限公司
710mm×1000mm　1/16　印张 10　字数 201 千字　　2020 年 7 月北京第 1 版第 1 次印刷

购书咨询:010-64518888　　　　　　　售后服务:010-64518899
网　　址:http://www.cip.com.cn
凡购买本书,如有缺损质量问题,本社销售中心负责调换。

定　　价:59.00 元

前言

黏稠物料黏性大、透气性差，普遍存在干燥困难的现象。统计资料表明，干燥过程的能耗约占整个加工过程能耗的12％。此外，在干燥过程中防止物料中有效成分的损失是保证产品品质的关键。目前应用于黏稠物料干燥的技术十分有限，且都存在一定的缺陷或局限性。热风干燥容易结块、不易干透、干燥时间长；喷雾干燥存在雾化困难及粘壁现象；真空冷冻干燥速率低，干燥成本高；真空带式干燥设备复杂，体积大，成本高。黏稠物料的干燥依然是干燥界需要解决的前沿研究问题之一。

超声波是一种频率范围为20kHz～10MHz的声波。超声波在液态介质中传播时产生空化效应。空化效应进一步形成湍动效应、界面效应和微扰效应，强化了质热传递过程；同时也会破坏大分子的长链结构，降低长链缠绕程度，削弱物质分子之间及其与水分子的"键合"，降低物料黏度，增强了质热传递的能力。将超声引入干燥过程能有效提高干燥速度，实现高品质、低能耗干燥。目前将超声在黏稠物料干燥中的应用鲜见报道。黏稠物料本质上仍属于液态介质，超声在黏稠物料中的空化作用能有效提高传热传质效率，利用超声强化干燥黏稠物料具有巨大的潜力。

本书共分4章。第1章主要介绍黏稠物料的概念、性质、分类及流变学特性和干燥方法。第2章介绍超声真空干燥生物黏稠物料的流变特性。主要包括超声真空干燥蜂蜜的静态流变特性、流变模型及动态流变特性；超声真空干燥全蛋液时干燥温度和超声波对全蛋液表观黏度、流变模型的影响；超声时间和声能密度对全蛋液储能模量与损耗模量的影响；超声真空干燥地黄浸膏过程的红外成像，不同浓度和温度条件下干燥地黄浸膏时其流变特性指数和黏稠指数的变化规律。第3章介绍生物黏稠物料的干燥特性。主要包括干燥温度、声能密度及超声时间对蜂蜜超声真空干燥特性的影响，蜂蜜干燥的有效水分扩散系数、活化能及干燥动力学模型，超声声能密度对蜂蜜干燥过程中水分迁移的影响；干燥温度、声能密度、超声时间对全蛋液超声真空干燥特性和全蛋粉微观结构的影响；地黄浸膏超声强化的干燥工艺；干燥过程中超声时间、超声功率、干燥温度对地黄浸膏干燥效果和梓醇含量的影响及干燥的动力学模型。第4章介绍生物黏稠物料干燥后的品质。包括蜂蜜干燥后蜂蜜粉色泽、溶解性、流动性、还原糖含量、总酚含量、总黄酮含量等；全蛋粉干燥后全蛋粉可溶性蛋白保存率、稳定系数、起泡性及泡沫稳定性、乳化性及乳化稳定性等。

本书得到了河南科技大学朱文学教授的指导，感谢研究生和大奎、马怡童、刘思佳、侯亚玲的无私奉献，向本书参考文献的所有作者表示致谢！

由于水平有限，书中难免存在疏漏与不妥之处，敬请读者批评指正。

白喜婷

2020 年 5 月

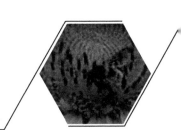

目录

第 3 章　生物黏稠物料的干燥特性　　044

第1章

概　述

1.1　黏稠物料的概念、性质及分类

黏稠物料就是一些黏稠的、不易流动的液态物料。

黏稠物料种类很多，如蜂蜜、全蛋液、淀粉糊、浓缩果汁、中药提取浸膏、污泥和膏体填充料等。

黏稠物料黏性大、透气性差，一般情况下呈现假塑性流体或宾汉流体特征，浓度系数 k 随黏稠物料的浓度增加而增加，随温度升高而降低。黏稠物料的流变特性是通过流变图判断的，流变图通常是指剪切力-剪切速率、表观黏度-剪切速率的曲线，根据曲线的趋势就可以判断物料的流变特性。黏稠物料不属于理想黏滞性流体，它的剪切力与速度梯度不成比例关系，具有非牛顿流体中的宾汉流体或是屈服假塑性流体的特性。

1.2　黏稠物料的流变学特性

1.2.1　流变学简介

流变学（Pheology）是研究物质的流动与变形的科学，是由美国化学家宾汉（E. C. Bingham）提出的，它是力、变形与时间的函数。流变学是在此基础上发展起来的，以弹性力学和流变力学为基础，研究食品在小范围形变内黏弹性及其变化规律。由于食品物料质地及结构的复杂性与其流变特性和加工工艺有至关重要的关系，因此通过对食品物料流变特性的研究，可以了解食品内部组织结构、分子形态的变化，为食品的运输、加工、配方优化、设备设计以及质量控制等提供科学的理论依据。

1.2.2　常见的流变类型

液态物料结构复杂，流变行为多样，根据不同的流变行为可以分为牛顿流体和非牛顿流体，其中非牛顿流体包括假塑性流体、胀塑性流体和塑性流体。流变学中，常用的概念有：

剪切应力 σ ——流体在流动过程中，施加的外力；

剪切速率 γ ——流体在外力作用下，发生形变的程度和时间的比值；

黏度 η ——流体流动时阻力的大小；

n ——流变特性指数；

k ——黏稠系数。

（1）牛顿流体　牛顿流体的模型方程为 $\sigma = \eta\gamma$，即剪切应力与剪切速率呈正比，比值为黏度，其不随剪切速率的变化而变化。食品中并不存在完全的牛顿流体，而水、酒及油在研究中可被认为是牛顿流体。

（2）假塑性流体　非牛顿流体模型方程为：$\sigma = k\gamma^n$，当 $0 < n < 1$ 时，表观黏度随剪切应力或剪切速率增大而减小，称为假塑性流体。大部分食品的流变特性指数 n 值在 $0 \sim 1$ 之间，属于是假塑性流体。

（3）胀塑性流体　当 $1 < n < \infty$，表明此流体为胀塑性流体，其特点是流体

的表观黏度随剪切应力或剪切速率的增大而增大。食品体系中生淀粉糊是较为典型的胀塑性流体，淀粉糊在快速搅打之后会变"硬"，流动性降低。

（4）塑性流体　塑性流动是指当剪切应力 σ 超过一定值时，流体才会流动，该流体称为塑性流体，又称宾汉流体。塑性流体的流动模型是：$\sigma = \sigma_0 + k\gamma^n$，当 $n = 1$ 时，流体表观黏度随剪切速率呈线性变化，称为宾汉塑性流体；当 $n < 1$ 时，流体表观黏度随剪切速率增加而减小，称为屈服假塑性流体；当 $n > 1$ 时，流体表观黏度随剪切速率增加而增加，称为屈服胀塑性流体。

1.2.3　常见的流变模型

见表 1-1。

表 1-1　流变模型

模型	公式	模型	公式
Newtonian	$\sigma = \eta\gamma$	Herschel-Bulkley	$\sigma = \sigma_0 + k\gamma^n$
Power-Law	$\sigma = k\gamma^n$	Casson	$\sqrt{\sigma} = \sqrt{\sigma_0} + \eta\sqrt{\gamma}$
BingHam	$\sigma = \sigma_0 + \eta\gamma$		

注：σ 为剪切应力，Pa；σ_0 为屈服应力，Pa；γ 为剪切速率，s^{-1}；η 为表观黏度，Pa·s；n 为流变特性指数；k 为黏稠系数，Pa·s^n。

1.3　黏稠物料的干燥方法

黏稠膏体物料具有黏性大、透气性差、对热敏感等特点，难以实现快速高品质干燥。干燥技术主要有热风干燥、冷冻干燥、喷雾干燥、真空箱式和真空带式干燥等。热风干燥简单易行，适用性强，但存在热量消耗大、热效率较低（热能利用率有时甚至低于 40%）等缺点。真空干燥可实现低压干燥，降低了物料温度。但是这两种干燥方法易造成物料结块。冷冻干燥在保持黏稠物料有效成分的稳定性方面具有较大的优势，不足之处在于设备复杂、耗能大、时间长、干燥成本高。喷雾干燥速度快，可获得 $30 \sim 500\mu m$ 的粉状产品，复溶性好，但对于黏稠物料，尤其是中药浸膏，喷雾干燥的最大难题是出现黏壁及雾化困难问题。真空带式干燥技术适合干燥易氧化、高黏度的黏稠物料，但是设备比较复杂，操作困难，对于一些流动性稍强的黏稠物料的涂布效果差。

虽然针对黏稠物料特征开发了一些实用干燥技术，但目前黏稠物料，尤其是高黏度黏稠物料干燥时热量传递和水分扩散缓慢的问题依然没有很好地解决。在低温、低氧环境下，对膏体物料进行某种物理扰动，强化传热和传质，是解决这个问题的关键。

1.3.1 超声强化干燥的原理

（1）超声波原理及特点 超声波是指频率高于 $2×10^4$ Hz 的弹性机械波，在气体、液体和固体介质中均可传播。超声波根据频率的高低可分为两类，一类为频率高、能量低、能用于食品品质的无损检测及分析食品的物理性质和化学性质，其与媒介的相互作用可改变超声波的相位大小和幅度；另一类为频率低、能量高的功率超声波，使细胞结构受到破坏、抑制食品加工过程中的一些物理化学变化。超声波与媒介发生相互作用可产生机械效应、空化效应和热效应。

（2）超声波机械效应 当超声波在介质中传播时，物质介质质点被交替压缩与拉伸，使质点运动速度增加，产生激烈的机械振动。站在微观的角度看，高强度、高频的超声波作用会使大分子物质加速度增大。介质中的小分子与大分子之间相对运动增加，摩擦力增强，从而破坏大分子链，起到降黏的作用。站在宏观的角度看，机械振动频率较高，对液体起到搅拌和均化的作用，可在液、气体中形成一定的搅动，从而增强流动性，另外空化气泡产生的局部微射流，能够使液体的表面张力降低，固-液界面层遭到破坏，形成的冲击波可使液体中的颗粒粉碎，使其均匀分散在液体中。

（3）超声波空化效应 超声波在液体中传播时，会产生特有的空化效应，可使局部产生暂时的负压区，从而出现空穴或气泡，这些气泡在超声作用下经历振荡、膨胀、收缩、崩溃等一系列变化，当空化气泡闭合或破裂瞬间，会在局部产生很大的压强及微射流，称为超声波空化（超声空化）现象，当液体中气体含量较高时，空化现象越强。而环境温度较高时，空化泡闭合及崩溃减缓，空化现象较少。一般容器表面及缝隙中的气泡，或者液体内抗震强度较弱的小区域中含有的溶解气体，都可诱发超声空化现象的发生。

（4）超声波热效应 超声波的热效应包括三方面的内容。第一，因吸收造成的整体发热：当超声波传播时，物质介质会将声能转化为热能，从而使温度升高。第二，边界处的局部升温：由于边界处震动速度不一样，从而摩擦生热，使局部温度升高，震动速度差距越大，摩擦力越大，温度越高。第三，空化泡瞬间崩溃产生的局部加热。

1.3.2　超声强化质热传递机理

(1) 超声对强化传质的作用　Balachandran S 讨论了超声对扩散系数强化的几种可能机制，认为超声波的空化作用会加快流体的运动，从而提高流体的扩散与渗透速率，其结构效应产生的力可克服表面附着水分和结合水具有的结合力。Thompson L H 认为超声波可在相界面产生声波流、微射流，并降低质热传递边界层厚度。马空军建立了超声波空化的相间传质模型，并对超声波空化泡数量增加与传质系数提高之间的关系进行了描述。Deng Y 结合超声对渗透脱水过程动力学和苹果微观结构的影响，认为超声可增大毛细管及促进形成微细通道，降低水分传递阻力。

(2) 超声波对传热过程的强化效应　Cai J 认为，由于超声波空化作用而产生的微小气泡快速形成、发展与崩溃，会破坏传热边界层，并降低其黏度，从而提高传热速率。Loh B G 发现超声波会产生明显的声激流效应，可降低传热边界层阻力并增大传热梯度。Kiani H 认为，超声波的空化效应及声激流效应同时强化流体湍动，从而明显提高相界面的传热系数。

(3) 超声波对含湿物料的热效应　Victor 在研究超声波与物体之间的相互作用时提出，超声波可被观察到的第一直接作用就是超声加热，由于吸收而导致的声能减少部分转化为热存留在介质中，并使介质温度升高。高永慧研究了超声波清洗液温度的变化规律，试验发现，整个超声清洗过程中，水温由 14.70 ℃升高到 39.70 ℃，温度变化 25℃。

(4) 超声波的空化及机械效应对黏稠物料流变性的影响　超声处理将改变黏稠物料的流变性质。Yan 等对超声处理桑黄菌丝体碱提多糖（PL-N）的研究结果表明，不同的超声强度均可降低 PL-N 的特性黏度和分子量，并且使其分子量分布变窄。Zhou 等发现，条斑紫菜（Porphyra yezoensis）多糖特性黏度的下降与超声功率正相关，而与超声温度、初始溶液浓度和 pH 负相关。研究表明超声处理使淀粉糊的冷稳定性增强，凝沉性减弱；不同超声功率处理的高链玉米淀粉糊均为假塑性流体；超声处理后高链玉米淀粉糊的表观黏度随剪切速率的升高而降低，剪切稀化随体系浓度提高而增强；超声处理后淀粉糊的触变性随超声功率的增大而减小。李坚斌认为不同超声波处理时间下的马铃薯淀粉样品均呈假塑性流体特征，符合幂定律；超声波处理时间越长，马铃薯淀粉糊的表观黏度越低，触变性相应减弱；超声波处理后，马铃薯淀粉糊的剪切稀化程度随马铃薯淀粉含量的增大而加深。超声功率的大小对小麦湿面筋蛋白的弹性模量、黏性模量和蠕变-恢复时的形变有较大影响。与未经超声的湿面筋蛋白相比，超声功率大于 150W 和小于 300W 时，超声对小麦湿面筋蛋白的弹性模量和黏性模量有正的影响，而当超声功率小于 150W 和大于 300W 时，超声对小麦湿面筋蛋白的弹性模量和黏性模量有负的影响。可见超声不能改变黏稠物料的流体特征，但会改变黏稠物料的特性参数，超声处理时间和超声功率对流变特性参数有显著影响，在可控的超声功率范围，超声可有效降低膏体的黏度及弹性模量。

(5) 超声处理具有降低多糖黏度的作用　Zhou C S 等的研究表明，当超声频率为 20kHz 时，超声会破坏条斑紫菜（Porphyra yezoensis）多糖的聚集行为，降低其表观黏度，进而断裂多糖链，降低其特性黏度，并且多糖特性黏度的下降与超声功率正相关，而与超声温度、初始溶液浓度和 pH 负相关。在超声处理真菌 Cs-HKl 多糖过程中，多糖黏度下降，并且超声功率越大，下降速度越快。研究表明，超声对多糖分子长链和多糖分子疏水缔合形成空间结构的破坏将降低多糖溶液黏度。由超声空化作用引起的机械效应和水分子裂解产生的自由基效应（·OH 自由基引发的多糖链裂解效应）是超声降解多糖分子长链的重要原因。Portenlanger 等的研究表明，低频超声（35kHz）时，右旋糖酐的降解主要为机械效应引起，且其降解速率随多糖分子量增大而增大；而自由基效应则主要发生在高频超声（500kHz）条件下。多糖链的断裂主要发生在多糖链中键能最弱的键的位置及多糖链的中间位置。

低超声功率条件下，真菌 Cs-HKl 多糖在 $3400cm^{-1}$ 和 $1064cm^{-1}$ 处吸收减弱，提示超声导致维系多糖二级结构的氢键发生断裂，而高功率下多糖则裂解为大小不同的多糖碎片。王博等研究表明，超声破坏了茯苓多糖链交联形成的网状结构及其自身螺旋结构，导致多糖链降解为小分子片段，并在分子间作用力作用下聚集成"团簇棒状"结构。

1.3.3　超声波在干燥方面的应用

近年来超声波技术应用于干燥领域的研究日益增多，刘云宏等分别进行了接触式超声强化热泵干燥苹果片及超声波强化热风干燥梨片干燥特性的研究，发现超声波辐射有利于加快物料内部传质过程，缩短物料干燥时间。Romero 等发现在黑莓生产过程中应用超声波技术，可以得到功能特性更好的产品，同时缩短干燥时间；Santacatalina 等进行了超声强化低温干燥苹果的研究，认为其机械效应可使细胞破碎，降解多酚类化合物，降低抗氧化能力；罗登林等对香菇片进行超声联合热风干燥的研究，认为超声波的机械效应强化了由水分内扩散控制的干燥过程；J A Cárcel 等发现应用超声波可改善胡萝卜对流干燥，增加传质系数和有效水分扩散系数，加速干燥过程。

1. 3. 4　黏稠物料干燥的研究现状

对于超声强化黏稠物料干燥的研究报道较少，赵芳报道了利用超声强化热风干燥污泥，指出超声作用可以加速污泥热风干燥过程，且随着超声强度的增加，对干燥过程的强化效果越明显。李润东研究了超声波预处理对污泥干燥特性的影响，发现超声波处理能够改善污泥的干燥特性。在 105℃ 的干燥温度及 250W 的超声功率下，3min 的超声辐射即可有效强化污泥干燥。赵芳认为，超声波在污泥中传播时产生空化效应及机械效应，污泥颗粒被分散，破坏污泥中菌胶团结构，将菌胶团内的水分释放，使污泥内部孔隙结构发生改变，孔隙的连通性增大，毛细通道的曲折度变小，有利于水分子迁移。

本书主要以蜂蜜、全蛋液及地黄浸膏为原料研究黏稠物料超声真空干燥的方法，为解决黏稠物料干燥难题提供有效途径。

(1) 蜂蜜干燥的研究现状　蜂蜜是一种具有芳香气味的黏性透明液体，因其具有独特的口感且营养丰富，而备受消费者的喜爱。蜂蜜是蜜蜂从源植物的花器、蜜腺中吮吸的花蜜，经蜜蜂自身的特殊物质加工后并储存于蜂巢中的胶状、甜味物质。花蜜中的多糖在酶的作用下被分解为葡萄糖和果糖，水分下降至 20% 左右，形成成熟的蜂蜜。糖类、水分和酶类是蜂蜜中的主要成分，这些是衡量蜂蜜质量和成熟度的重要指标，其中糖类占总成分的 60%～80%，水分含量在 20% 以下。此外，蜂蜜中还含有蛋白质、维生素、氨基酸、有机酸、微量元素、芳香物质的高级醇、胶质物、激素、酶类等。蜂蜜是一种具有抗氧化活性的天然甜味剂，广泛应用于酸奶、饮料、酱料、烘焙食品及膳食补充剂的生产中。

由于蜂蜜的高黏度、易结晶给运输、包装、贮藏及使用带来许多问题，并且蜂蜜容易受季节的影响，温度过高，会导致大量还原糖分解、氧化成酸。温度过低，使其容易结晶，致使冲调性受到影响，不便于使用，制约了蜂蜜的广泛应用。

我国蜂蜜资源丰富，年产量在70万吨以上，占世界蜂蜜总产量的1/4以上。近年来，国内外市场对蜂蜜的需求量日益增多，我国每年出口蜂蜜金额高达16亿多元，但是对蜂蜜的深加工几乎没有，国外常见的蜂蜜加工有固体蜂蜜、蜂蜜粉、蜂蜜啤酒、牛奶蜂蜜等。为满足国内外市场需求，提高我国蜂蜜深加工水平，研发一种不仅能保持蜂蜜原有的营养成分并且便于储藏和运输的蜂蜜粉产品具有极其重要的意义。

蜂蜜常用的干燥技术有喷雾干燥、滚筒干燥、冷冻干燥、微波真空干燥等。

喷雾干燥所得的产品不仅能保持产品的原有风味，也能较好地保留其营养成分，具有良好的溶解性和冲调性，但是对于黏度大的产品，难于雾化，易粘壁，且进出风温度不宜控制，容易影响产品的品质。此外，喷雾干燥蜂蜜，通常要对蜂蜜进一步稀释并添加大量辅料，致使蜂蜜的纯度不高。Samborska 等研究了蜂蜜的喷雾干燥，由于蜂蜜中添加了 1.2～1.4 倍的淀粉，所以最终产品的蜂蜜含量非常低（低于 50%）。

滚筒干燥效率高、干燥速率快，物料黏稠度的高低不影响干燥过程，但是滚筒干燥也需要添加剂，并且干燥温度较高，容易发生美拉德反应，使产品品质受到影响。张寒冰等研究发现使用滚筒干燥技术干燥蜂蜜，为了使其具有较好的溶解性和分散性，向蜂蜜中添加卵磷脂、膳食纤维、淀粉和果葡糖浆等得到了最佳工艺配方，但蜂蜜的含量较低。

冷冻干燥得到的产品营养成分及风味损失较少，但对于黏稠物料必须经过稀释，否则干燥困难，并且冷冻干燥的成本较高。周治德等采用冷冻干燥，添加了30%的麦芽糊精，干燥后得到的产品，主要营养成分能较好地保留，但是成本较高。

微波真空干燥效率高、干燥温度低且节能环保，干燥后产品的营养成分和活性成分都能较好地保留。但是孙丽娟等研究发现微波真空干燥固体蜂蜜，其挥发性成分会有变化，机器设备成本较高。

(2) 全蛋液干燥的研究现状 鸡蛋是人们普遍食用的烹饪原料，因其具有丰富的营养，且廉价易得，在我国的膳食中占有很重要的地位。鸡蛋含有人体所必需的蛋白质、脂肪、矿物质、微量元素以及脑磷脂、卵磷脂及神经磷脂等。鸡蛋蛋白质是一种优质蛋白质，其消化率高于奶类、肉类、米饭、面包等食物，可达到97%，同时，鸡蛋还含有人体所需要的8种必需氨基酸，其氨基酸组成与人体组成模式接近，生物学价值达95%以上。鸡蛋脂肪中还富含磷脂，磷脂对人体大脑和神经组织发育起着至关重要的作用，其熔点与体温接近，有利于消化吸收，同时对胆固醇代谢和防止心血管疾病的发生起着积极的作用。

由于受外界环境（包括温度、湿度、细菌等）影响，鸡蛋容易发生腐败变质，同时，由于鸡蛋特殊的结构，不宜长途运输，使鸡蛋加工产业的发展受到限制，为满足蛋制品加工的需求，出现了与奶粉加工类似的蛋粉加工工艺。

蛋粉是以蛋液为原料，经干燥加工除去水分而制得的粉末状可食用蛋制品。生产得到的蛋粉，不仅保持了鸡蛋原有的营养成分，另外蛋制品的重量减轻，便于运输和储藏，同时鲜蛋易变质、易破损的问题也得到了解决。蛋粉还具有良好的功能特性，如起泡性、乳化性、凝胶性等。为满足不同人群的多种需要，蛋粉加工可以生产单一的蛋清粉和蛋黄粉，也可将蛋白和蛋黄合混合，生产全蛋粉。蛋粉可作为一种食品添加剂，在医药领域、婴幼儿食品、饲料、化妆品、研制医药保健食品及卵磷脂软胶囊等方面应用广泛。

蛋粉加工常用的脱水干燥技术有热风干燥、喷雾干燥、真空干燥、微波干燥、真空冷冻干燥等，各种干燥技术各有优缺点：

热风干燥方式操作简单，成本较低，但是所得蛋粉的品质较差，营养物质流失，刘静波等研究发现热风干燥的蛋粉颗粒发生明显的皱缩结块现象，溶解指数及冲调性能较差。

喷雾干燥所得成品冲调性良好，产品色、香、味俱全，营养物质损失较少，但是，进出风温度不易掌握，易影响产品最终的感官品质，同时，产品易粘壁，产率较低。Koç M 等研究发现，喷雾干燥出风温度及雾化压力对蛋粉的性能影响较大，进风温度次之。

真空干燥：其干燥室氧气含量较低，可防止脂肪氧化及褐变的发生，另外，干燥温度较低，适合热敏性物料的干燥，但同时具有干燥时间较长、能耗大等问题。李笑梅研究真空干燥对醋蛋粉品质的影响，发现当真空度为 0.078～0.086MPa 时，随着干燥温度的升高，蛋粉颜色加深，干燥不彻底。

微波干燥干燥速率快，蛋粉营养成分及风味损失少，同时节能环保，效率较高，易于连续化生产，但是干燥温度控制困难，会引起脂肪氧化腐败，对蛋粉的理化性质及感官特点有较大影响，从而降低产品品质。张京芳等研究发现鹌鹑蛋黄粉不宜用烘干法和微波干燥法制备。

真空冷冻干燥：可以降低传热传质阻力，提高干燥速率，获得的蛋粉质地疏松，溶解性较好。但是操作复杂，所需时间较长，产率较低，能耗增加。Chen C 等采用真空冷冻干燥和喷雾干燥蛋清肽，并研究两种干燥方式对蛋清肽功能特性的影响，发现喷雾干燥更适合蛋清肽的制备。

（3）地黄浸膏的研究现状　地黄为玄参科多年生植物地黄的新鲜根茎，或者是以干燥块根入药，其根部是传统的中药之一。据《本草纲目》记载"该植物以水浸验之，浮者名天黄，半浮半沉者为人黄，沉者名地黄"，故人们都以沉下者为贵，久而久之，遂名为地黄。地黄作为一种常用中药材，始载于《神农本草经》，被列为上品"干地黄，味甘寒。主折跌绝筋，伤中，逐血痹，填骨髓，长肌肉，作汤，除寒热积聚，除痹，生者尤良。长期服用，轻身不老。一名地髓，生川泽。"此后历代医书均有记载，其叶、种子均可入药，与地黄具有相似的功效。地黄的种植要求气候温和、阳光充足、排水良好、上层深厚、肥沃而疏松的壤土和沙壤上，荫蔽处生长不好。忌连作，前作宜选禾本科作物，不宜选择曾种植过棉、芝麻、豆类、瓜类等的土地，否则病害厉害。地黄初夏开花，花大数朵，淡红紫色，具有较好的观赏性。该品种适合于纬度37℃生长，对土地要求较为严格，下湿地、盐碱地、无霜期低于六个月的都不能种植。原主产于河南省温县、孟州市、武陟、博爱、沁阳等县，四川、湖北、新疆、湖南等地种植都未获成功，这也是地黄未能在全国大面积发展种植的原因。

依照炮制方法的不同，地黄可分为鲜地黄、生地黄、熟地黄、生地黄炭和熟地黄炭等不同的入药方式。不同品种的地黄具有不同的生理药理特性。可在9～11月期间采集鲜地黄，也可以在春季挖掘，挖取时切忌不能使外皮受伤，以免腐烂。采回后放在地上，并覆盖上干燥的泥土，随用随取，但一般储存三个月后就不再适用。一般新鲜的地黄根茎呈纺锤形或者圆柱形而弯曲，长度为6～18cm，直径为0.5～1cm，其表面呈现黄红色，具纵皱纹及横长皮孔，有不规则的疤痕，质脆易折断，断面肉质，呈淡黄色，菊花心，多产于河南、浙江、江苏、河北、陕西、甘肃、湖南、湖北、山西等地。其功用主治为清热、凉血、生津，可治温病伤阴、大热烦渴、舌绛、神昏、斑疹、吐血、便秘、血崩等病症。

熟地黄是由生地黄加黄酒拌蒸至内外色黑、油润或者直至黑润而成。简称熟地，切厚片用。性状为不规则的块状，内外均呈漆黑色，有光泽，外表皱缩不平。断面泣润，中心部位可以看见光亮的油脂块状，黏性大，质软，味甜。其中以块根肥大、内外乌黑、有明显光泽的为最佳。味甘，性微温。其功能主治为滋阴补血、益精填髓。用于肝肾阴虚、腰膝酸软、骨蒸潮热、内热消渴、心悸怔忡、月经不调、崩漏下血、眩晕耳鸣、须发早白等，也可与山茱萸、山药、牡丹皮等配伍，若在此基础上，加入知母、黄柏等可治疗阴虚火旺、骨蒸潮热、盗汗梦遗、尺脉有力者。熟地黄根据不同炮制方法可分为蒸熟地黄、酒熟地黄、姜酒制熟地黄、砂仁制熟地黄、熟地黄炭，炮制后储存在干燥容器内。

日本学者 Kitagawa 等人从地黄的鲜根中分离得到了梓醇、甘露醇和蔗糖三种成分。随后各个国家的科学研究者对地黄也进行了大量的可行性深入研究，发现地黄所含主要的化学成分为梓醇、二氢梓醇、乙酰梓醇、益母草苷、有机酸类、糖类、20 多种微量元素及多种氨基酸等。目前来看，人们认为对地黄中化学成分的研究已经比较透彻，已经分离鉴定出了几十种成分，尤其是对环烯醚萜类成分的研究较为深入。生地黄中含量最高的糖是水苏糖、棉子糖、甘露三糖、毛蕊糖等。因为地黄中梓醇等苷类稳定性差，但地黄中其他成分大多都溶于水，因此以梓醇作为检测目标，参考浸膏提取量较为合理准确。

梓醇属于环烯醚萜苷类化合物，异名为脱对羟基苯甲酸梓苷，是地黄的主要有效成分之一，分子量为 362，酸碱条件下不稳定。现代药理研究表明，梓醇具有抗癌、抗老年痴呆、降血糖血脂、抗肝炎病毒、缓泻、抗菌消炎、抑制毛细血管通透性等活性。鲜地黄、生地黄和熟地黄中梓醇含量差异明显，鲜地黄中梓醇含量最高，生地黄次之，熟地黄的梓醇含量最低，这也是本试验选用鲜地黄的原因之一，因此在一定程度上也为中医临床使用提供了一定的科学依据。不同地区地黄中梓醇含量差别也很明显。《中国药典》（2010 版）规定梓醇和毛蕊花糖苷含量作为生地黄药效的主要指标之一。

鲜地黄具有清热凉血、生津润燥的药效，主要用于治疗急性热病、高热神昏和斑疹及津伤烦渴、血热妄行之吐血、崩漏、便血、口舌生疮、咽喉肿痛、劳热咳嗽、跌打伤痛等。在内服时，用地黄煎熬成的汤汁；也可以捣烂成汁液或者熬制成膏状物质。在外用时，取用时要适量，把地黄捣烂并敷在伤口处；或者直接取汁涂搽。在《品汇精要》中提及在使用地黄期间要忌萝卜、葱白、韭白等，服药期间也不要碰及铜制的器皿，因为可能会使人的肾功能减退，严重的话也会使头发变白并且还会损伤自身的免疫和神经系统。脾胃有湿邪的症状以及阳虚者要慎重服药。当然，在治疗其他疾病时，地黄也起着相当重要的作用。地黄对人体的神经系统、免疫系统及血液系统均存在着积极的意义，并且还具有抗辐射、抗肿瘤和抗衰老的作用。

1.3.5 低场核磁共振技术在干燥方面的应用

(1) 低场核磁共振技术原理简介 核磁共振是由具有固定磁矩的原子核，在磁场与交变磁场作用下发生原子核跃迁从而产生核磁共振信号，当跃迁的原子核重新返回到基态从而产生的共振发射信号。根据磁体场强分为两类：一类是高场核磁共振，一类是恒定磁场强度低于0.5T的低场核磁共振（LF-NMR），可以快速、准确地检测物料内部水分状态和迁移变化规律。

（2）低场核磁共振技术在干燥中的应用　　低场核磁共振技术根据H^+的弛豫时间T_2、水分分布以及水分子与食品组分间的结合状态来判断结合水、不易流动水和自由水的迁移和分布情况。一些学者对农产品、海产品加工过程中的水分迁移规律进行了相关研究。Cheng等利用LF-NMR技术研究了虾在干燥过程中的水分状态变化，发现随着干燥时间的延长，不易流动水和自由水的含量明显减少，MRI图像显示出信号强度由虾的外表面向内部区域逐渐减弱。Lv等研究微波真空干燥玉米粒，发现在干燥初期自由水和不易流动水的含量迅速下降，而结合水的含量在干燥后期开始下降，干燥最后阶段部分结合水残留。Cheng等研究了牡蛎在鼓风干燥过程中的水分迁移和分布状态，发现牡蛎的结合水、不易流动水和自由水的弛豫时间均有所减少，不易流动水的峰面积持续减小，这是造成其水分损失的主要原因，核磁共振成像显示，从牡蛎外部表面到内部中心的亮度区域逐渐变暗、减小，说明干燥过程中水分是从内向外迁移。

第 2 章

超声真空干燥生物黏稠物料的流变特性

2.1 超声波对蜂蜜干燥过程中流变特性的影响

流变特性是液态食品物料的重要质量控制参数，其所表现的流变学性质，即黏性流体力学和弹性流体力学，对食品的生产、加工、运输、储存都具有重要意义。研究超声真空干燥蜂蜜的流体特征及干燥过程中黏度的变化对进一步扩展蜂蜜在食品加工业中的应用具有重要意义，并且对加工工艺、设备设计提供理论依据。现以蜂蜜为试验材料，探究干燥过程中干燥温度和超声声能密度对蜂蜜流变性质的影响，并建立流变模型，以期为蜂蜜的降黏提供一条新思路。

2.1.1 超声真空干燥蜂蜜的静态流变特性

将洋槐蜜（郑州市荥阳市王村养蜂场）在超声声能密度（KMD-M1 型超声波发生器、超声波振子，由深圳科美达超声波设备有限公司生产）为 1.2 W/g 的条件下，分别设定干燥温度（DZF-6050 型真空干燥箱，由上海一恒科学仪器有限公司生产）30℃、40℃、50℃、60℃、70℃，进行稳态流变特性的测定，研究干燥温度对蜂蜜流变特性的影响。在干燥温度为50℃的条件下，分别设定超声声能密度0、0.4W/g、0.8W/g、1.2W/g、1.6W/g，进行稳态流变特性的测定，研究超声声能密度对蜂蜜流变特性的影响。

稳态流变特性的测定方法是，在干燥前期40min时快速取少量蜂蜜样品置于流变仪（DHR-2型流变仪，由美国TA公司生产）的测定平台上，选用直径为40mm的平板模具和稳态剪切测试程序，启动仪器，对样品进行刮边处理，设置温度，测定蜂蜜在剪切速率范围为 $0.01 \sim 400 \, s^{-1}$ 的表观黏度。

（1）干燥温度对蜂蜜表观黏度的影响 超声声能密度为1.2W/g，测定不同干燥温度下，蜂蜜表观黏度的变化，如图2-1所示。

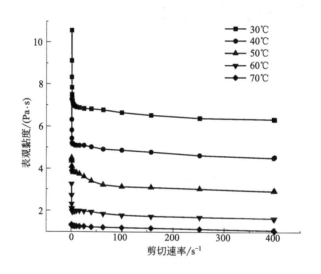

图 2-1　不同干燥温度下蜂蜜的表观黏度

随着剪切速率的增加，蜂蜜的表观黏度逐渐下降至趋于平缓，具有剪切稀化特性。在剪切速率 $0 \sim 10s^{-1}$ 内，表观黏度下降幅度最大，在同一剪切速率下，随着干燥温度的增加表观黏度有不同程度的降低，干燥温度梯度（30℃、40℃、50℃、60℃、70℃）对应的初始表观黏度依次为10.48 Pa·s，7.24 Pa·s，4.48 Pa·s，3.27 Pa·s，1.35 Pa·s，与30℃的表观黏度相比，黏度分别下降了31%、57%、69%和87%，这是由于温度的升高促进了分子间的热运动，同时液体体积的增大，使每一分子的平均占有的体积增大，从而导致黏度的降低。Wang等研究冷冻干燥、喷雾干燥和真空干燥后亚麻籽胶的流变特性也属于假塑性流体，具有剪切变稀特性。Fakhreddin Salehi 等认为干燥过程会降低野生鼠尾草种子胶的黏度,采用真空干燥法在 40℃到 80℃间,表观黏度从 0.271Pa·s 下降到 0.162Pa·s。由此可见,温度的升高有助于样品黏度的降低。

(2) 声能密度对蜂蜜表观黏度的影响　在干燥温度为 50℃的条件下,分别设定声能密度 0、0.4W/g、0.8W/g、1.2W/g、1.6W/g,进行稳态流变特性的测定,不同超声声能密度对蜂蜜表观黏度的影响,如图 2-2 所示。

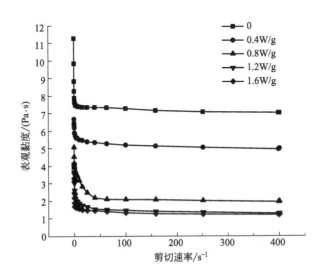

图 2-2　不同超声声能密度下蜂蜜的表观黏度

蜂蜜的表观黏度随着剪切速率的增加而降低,说明其在非牛顿流动状态中属于假塑性流动,在相同剪切速率下,随着超声声能密度的增加,蜂蜜的表观黏度明显下降,与未加超声相比,初始表观黏度分别下降了 42%、55%、68% 和 81%。蜂蜜的表观黏度显著下降,是由于超声波的机械效应和空化效应导致分子结构破坏,分子间的结合力减小,减少了流体的黏性阻力,因此表观黏度下降。当剪切速率大于 10 s^{-1} 时,蜂蜜的表观黏度曲线开始趋于平缓,是因为当各个分子彼此独立存在时,分子间的结合力忽略不计,不能使其表观黏度发生变化,这与隋丽敏等研究的结果一致,其研究结果表明紫云英蜂蜜的黏度随着剪切速率的增大而逐渐降低,达到一定的剪切速率后才保持不变。因此,超声波的处理能降低蜂蜜的表观黏度。

(3) 超声真空干燥过程中蜂蜜的黏度变化　在干燥温度为 50℃、剪切速率一定的条件下,超声声能密度对蜂蜜干燥过程中的表观黏度变化如图 2-3 所示。

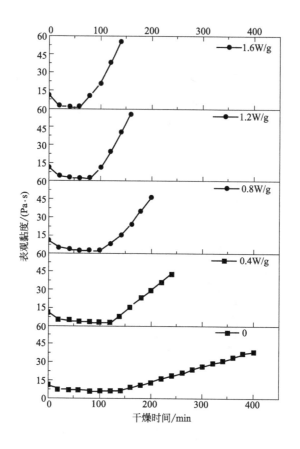

图 2-3　超声声能密度对蜂蜜干燥过程中的表观黏度变化

从图中的结果可以看出，整个干燥过程中蜂蜜表观黏度的变化趋势是先下降后上升。当声能密度为 0、0.4W/g、0.8W/g、1.2W/g、1.6W/g 时，干燥时间分别在 140min、120min、100min、80min、60min 时，蜂蜜的黏度分别下降到最低，这些时间内对应的干燥速率均大于平均干燥速率。由此可见，超声作用在干燥初期降黏效果是十分显著的且有助于提高干燥速率。随着干燥过程的进行，蜂蜜表观黏度开始大幅度上升，主要原因是由于干燥过程中水分的不断减少，超声波的强化作用不断减弱，导致黏度增加。夏强等研究了超声解降对大粒车前子多糖的流变特性，研究发现经过超声处理后大粒车前子多糖表观黏度显著下降，超声的作用使多糖的凝胶性质发生变化，因而使多糖的流体性质发生转变，由假塑性流体转变为牛顿流体。

2.1.2　超声真空干燥蜂蜜的流变模型

(1) 干燥温度对蜂蜜流变模型的影响　不同干燥温度下蜂蜜剪切应力随剪切速率的变化曲线如图 2-4 所示，蜂蜜的剪切应力随着剪切速率的增大而增加，同一剪切速率下，干燥温度越高，对应的剪切应力越低。不同干燥温度下蜂蜜的流变曲线符合非牛顿流体，具有屈服-假塑性流体特征，这与 Ahmed 研究的一致，其研究表明洋槐蜜为具有屈服应力的非牛顿流体。

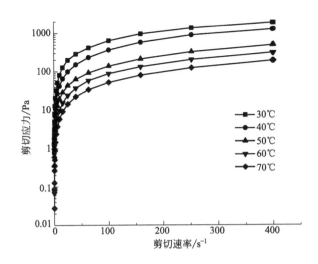

图 2-4　不同干燥温度下蜂蜜剪切应力随剪切速率的变化曲线

参考常用的流动状态方程 (Herschel-Bulkley 方程、幂定律方程、Cross 方程等) 对超声强化真空干燥流变实验数据进行拟合，经分析，Herschel-Bulkley 方程拟合程度最高，如表 2-1 所示，随着干燥温度的增加，黏稠系数 K 和屈服应力 τ_0 都在不断减小，而流动特性指数 n 在不断增加，且接近于 1，说明蜂蜜的牛顿流体行为增强，Herschel-Bulkley 模型的决定系数 R^2 均大于 0.99，说明蜂蜜的流变曲线符合该模型。

表 2-1　不同干燥温度下蜂蜜的流变特性参数值

温度/℃	屈服应力 τ_0/Pa	黏稠系数 K/(Pa·s^n)	流动特性指数 n	相关系数 R^2
30	14.75	18.34	0.77	0.9991
40	5.21	6.67	0.87	0.9990

续表

温度/℃	屈服应力 τ_0/Pa	黏稠系数 K/(Pa·s^n)	流动特性指数 n	相关系数 R^2
50	5.85	2.21	0.90	0.9981
60	0.06	1.31	0.91	0.9999
70	0.02	0.68	0.93	0.9999

(2) 超声声能密度对蜂蜜流变模型的影响 如图 2-5 所示,在同一剪切速率下,剪切应力随着超声声能密度的升高而降低,在不同声能密度下曲线均未过原点且不同程度地凸向 Y 轴,可看出该流体属于非牛顿流体,且随着剪切速率的增大剪切应力也在增大,流变曲线符合屈服-假塑性流体。Diego 等研究表明加利西亚蜂蜜在低剪切速率下为假塑性流体。

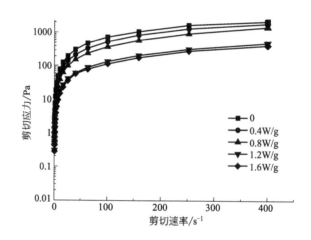

图 2-5 不同超声声能密度下蜂蜜剪切应力随剪切速率的变化曲线

对超声真空干燥流变实验数据进行拟合,如表 2-2 所示,随着超声声能密度的增加,黏稠系数 K 和屈服应力 τ_0 都在不断减小,而流动指数 n 在不断增加,当超声声能密度为 1.6W/g 时,n 值为 0.96,接近于 1,说明超声波的作用使蜂蜜的流动性增强,流体特性趋向于牛顿流体。相关系数 R^2 为 0.9964~0.9997,说明不同声能密度下,蜂蜜的流变曲线符合 Herschel-Bulkley 模型。

表 2-2　不同超声声能密度下蜂蜜的流变特性参数值

声能密度/(W/g)	屈服应力 τ_0/Pa	黏稠系数 K/(Pa·s^n)	流动特性指数 n	相关系数 R^2
0	35.11	27.7	0.73	0.9997
0.4	18.52	9.96	0.81	0.9952
0.8	8.9	4.45	0.87	0.9996
1.2	5.85	2.21	0.90	0.9981
1.6	0.863	1.02	0.96	0.9964

静态流变特性的试验结果表明，蜂蜜在不同干燥温度下和不同超声声能密度均属于非牛顿流体，蜂蜜的剪切应力随着剪切速率的增加而增大，流变模型符合Herschel-Bulkley 方程，其拟合程度较高，相关系数 R^2 均大于 0.99，随着干燥温度和超声声能密度的升高，蜂蜜的流变特性指数 n 逐渐增大，且接近于 1，屈服应力和黏稠系数减小，蜂蜜的牛顿流体特性增强。其表观黏度随着剪切速率的增大而减小，具有屈服假塑性流体特征，同一剪切速率下，表观黏度随着干燥温度和超声声能密度的增加而减小。

2.1.3　超声真空干燥蜂蜜的动态流变特性

按照 2.1.1 的方法步骤处理和测定样品，设定角频率为 10 rad·s^{-1}，进行振幅扫描，确定样品的线性黏弹区。然后在复合模量 G^* 恒定的振荡应变区（线性黏弹区）固定应变值为 1%，进行频率扫描，测定蜂蜜在频率扫描范围为 0.01～200 rad·s^{-1} 的储能和损耗模量。

(1) 干燥温度对储能模量与损耗模量的影响　不同干燥温度下蜂蜜的动态流变特性如图 2-6 和图 2-7 所示。

通过对物料施加一个连续的正弦应力或应变来测定物料的动态黏弹性，G' 为储能模量（弹性模量），表示物料储存能量的能力；G'' 为损耗模量（耗能模量），表示物料耗散能量的能力。通过 $\tan\delta = (G'')/(G')$ 来判断物料的黏弹性，当 $\tan\delta$ 值小于 1 时，主要变现为固体的弹性性质，当 $\tan\delta$ 值大于 1 时，则表现为流体黏性性质。由图可知，储能模量与损耗模量均随着角频率的增大而增大，在同一角频率下，蜂蜜的损耗模量显著大于储能模量，由表 2-3 可知，$\tan\delta$ 值都远大于 1，说明在不同干燥温度下，蜂蜜表现出黏性性能，这与 Yoo 研究的结果一致。

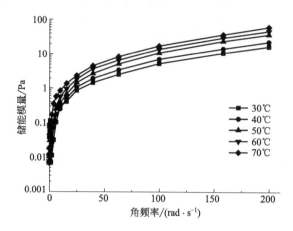

图 2-6　不同干燥温度下蜂蜜的储能模量

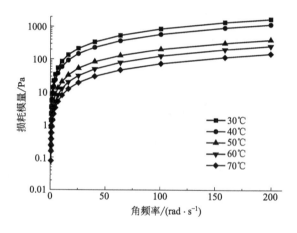

图 2-7　不同干燥温度下蜂蜜的损耗模量

表 2-3　不同干燥温度下蜂蜜的损耗模量/储能模量

角频率/(rad·s⁻¹)	干燥温度/℃				
	30	40	50	60	70
	tanδ				
0.100	19.735	15.546	9.755	6.341	4.228
0.158	42.245	34.492	32.958	23.246	11.788
0.251	51.531	34.221	55.564	72.827	18.438

续表

角频率/(rad · s⁻¹)	干燥温度/℃				
	30	40	50	60	70
	tanδ				
0.398	90.623	76.788	76.788	72.199	7.537
0.631	98.312	61.724	31.731	28.102	7.581
1.000	190.985	140.212	72.660	72.241	10.193
1.585	229.963	184.595	142.865	41.997	12.317
2.512	247.233	184.728	139.342	48.233	11.967
3.981	220.735	104.072	82.964	42.673	8.852
6.310	208.624	173.578	50.121	25.763	8.552
10.000	276.300	226.323	52.616	21.327	9.009
15.849	323.096	177.757	47.982	20.143	8.755
25.119	242.660	134.320	35.719	16.613	8.066
39.811	227.606	117.137	30.485	13.303	6.500
63.096	208.067	105.807	24.811	11.831	5.517
100.000	160.501	81.628	18.522	9.005	4.203
158.488	125.810	63.879	13.092	6.695	3.093
200.000	102.471	51.468	10.627	5.474	2.401

（2）声能密度对储能模量与损耗模量的影响　不同超声声能密度下蜂蜜的动态流变行为的变化规律如图 2-8 和图 2-9 所示。

与不同干燥温度下蜂蜜动态流变特性一致，储能模量与损耗模量均随着角频率的增大而增加，在同一角频率下，蜂蜜的损耗模量明显大于储能模量，由表 2-4 可知，tanδ 值均大于 1，反映出蜂蜜的液体性质表现出较强的黏性，而较小的储能模量表示弱粒子间的相互作用并没有相互聚集形成网络结构。随着超声声能密度的增加，储能模量增加，损耗模量减少，tanδ 值始终大于 1，说明超声作用并未改变蜂蜜的黏性特征。

动态流变特性的试验结果表明，蜂蜜在不同超声声能密度与不同干燥温度下，损耗模量均大于储能模量，tanδ 值均大于 1，蜂蜜在超声强化真空干燥过程中主要表现为黏性特征。

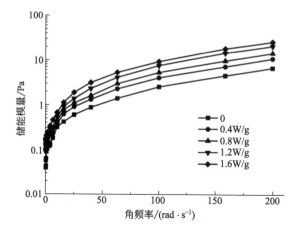

图 2-8 不同超声声能密度下蜂蜜的储能模量

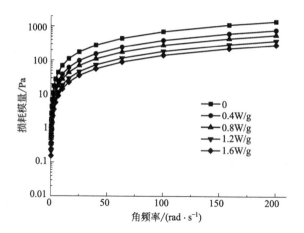

图 2-9 不同超声声能密度下蜂蜜的损耗模量

表 2-4 不同超声声能密度下蜂蜜的损耗模量/储能模量

角频率/(rad·s⁻¹)	超声声能密度/(W/g)				
	0	0.4	0.8	1.2	1.6
	tanδ				
0.100	15.022	5.103	4.143	2.093	1.146
0.158	34.492	7.631	6.290	3.316	1.916
0.251	51.531	12.479	9.507	5.299	2.966

续表

角频率/(rad · s⁻¹)	超声声能密度/(W/g)				
	0	0.4	0.8	1.2	1.6
	tanδ				
0.398	56.206	18.010	13.019	6.908	4.045
0.631	61.724	25.307	18.069	9.216	5.654
1.000	72.241	38.578	34.480	14.350	8.840
1.585	109.460	57.175	37.251	18.763	12.038
2.512	184.664	85.018	76.577	27.687	17.940
3.981	275.013	94.949	55.277	31.616	21.340
6.310	302.359	137.520	91.485	45.900	24.538
10.000	276.300	126.995	78.337	43.683	26.490
15.849	331.064	122.827	71.406	39.736	25.023
25.119	362.823	134.698	78.606	41.701	23.526
39.811	391.568	144.868	85.585	38.931	22.149
63.096	388.877	132.892	72.672	34.763	20.757
100.000	339.897	118.338	64.511	30.045	18.835
158.488	301.478	104.892	55.523	24.708	15.156
200.000	255.905	88.304	47.514	22.260	13.553

2.2 超声波处理对全蛋液流变特性的影响

液态物料的流变特性是其表现出来的黏性流体力学和弹性力学的性质，对加工、运输及咀嚼等有着密切的关系，而研究超声波处理全蛋液的流体特征及黏度的变化对进一步拓展全蛋液在工业中的应用和控制全蛋液在加工过程中的品质，以及对工艺、设备设计提供必要的数据等方面具有积极意义。因此研究以全蛋液为试验材料，探究超声波作用时间及声能密度对全蛋液流变性质的影响，建立全蛋液流变模型，以期为蛋白类黏稠物料的降黏提供一条新思路，为全蛋液在工业上的应用提供理论参考。

将新鲜的红皮鸡蛋，采用 105℃烘箱法测得鸡蛋的初始干基含水率为 3.17 g/g。选取超声声能密度、超声作用时间（超声波发生器，由深圳科美达超声波设备有限公司生产）为试验因素，分别进行单因素试验。固定超声声能密度为 1.2 W/g，选取超声波作用时间为 0、5min、10min、15min、20min，研究超声作用时间对全蛋液流变特性的影响。固定超声时间为 10 min，选取超声声能密度为 0.4W/g、0.8W/g、1.2W/g、1.6W/g、2.0W/g，研究超声声能密度对全蛋液流变特性的影响；每次试验全蛋液用量为 50g。

2.2.1 温度对全蛋液表观黏度的影响

参考陈洁等的方法，稍做修改，取少量全蛋液置于流变仪的测定平台上，选取平板模具直径为 40 mm，两平板间距为 1000μm，刮去多余样品，选择稳剪切测试程序，分别测定样品在 0、20℃、40℃、60℃、80℃条件下的表观黏度及剪切应力（σ）随剪切速率（γ）从 0～300 s^{-1} 递增的变化曲线，采用 Herschel-Bulkley 模型（$\sigma = \sigma_0 + k\gamma^n$，式中，$\sigma_0$ 为屈服应力，k 为黏稠系数，n 为流变特性指数）对流变曲线进行模型拟合分析，得出各流变模型及流变特性参数。当温度为 0～40℃时，全蛋液的表观黏度随剪切速率的变化曲线如图 2-10 所示。

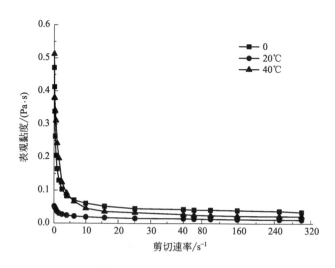

图 2-10　不同温度下全蛋液的表观黏度随剪切速率的变化曲线

由图 2-10 可知，在不同温度下，随剪切速率的增大，全蛋液的表观黏度减小，呈现出假塑性流体特有的剪切稀化现象，这是由于剪切速率较低时，蛋液中分子取向混乱，随着剪切速率的增大，分子取向逐渐一致，表观黏度降低。在低剪切速率下（0～10 s⁻¹），表观黏度减小的程度尤为明显。

当剪切速率小于 6.31s⁻¹ 时，随着剪切速率的增大，0℃蛋液的表观黏度小于 40℃蛋液的表观黏度，在剪切速率为 6.31s⁻¹ 时，其表观黏度分别为 0.069 Pa·s、0.065Pa·s，当剪切速率大于 6.31s⁻¹ 时，随着剪切速率的增大，0℃蛋液的表观黏度大于 40℃蛋液的表观黏度。

在整个剪切过程中，0℃和 40℃全蛋液的表观黏度始终大于 20℃蛋液的表观黏度，这是由于在温度小于 20℃时，分子之间的相对运动在低温下较慢，流动性降低，分子表观黏度相对较大，而当温度大于 20℃时，随着温度的升高，分子之间运动加剧，加速分子之间的碰撞，导致分子发生凝结缠绕，分子取向不一，不利于流动，表观黏度也相对较大。

温度为 60℃、80℃时，由于蛋白质变性，其黏度变化无规律，因此未列出。

2.2.2　温度对全蛋液流变模型的影响

不同温度下全蛋液的剪切应力随剪切速率的变化曲线如图 2-11 所示。

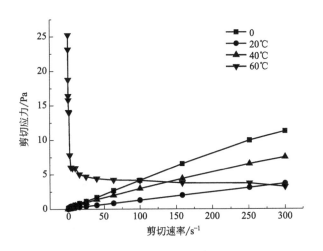

图 2-11　不同温度下全蛋液的剪切应力随剪切速率的变化曲线

由图 2-11 可知，当温度在 0、20℃、40℃时，全蛋液的剪切应力随剪切速率的增大而增加，这是由于剪切速率增大、液体的流速增加、大小分子之间速度梯度变大，需要更强的剪切力来破坏流体中缠绕在一起的大分子物质结构。而温度为 60℃时，其剪切应力随剪切速率的增大而降低，这是由于全蛋液在 60℃时，其部分蛋白质变性，在低剪切速率下，需要较大的剪切力才能打破其变性凝结的状态。同时，试验过程中，当全蛋液的温度为80℃时，可明显看到蛋液发生变性凝结。

从图中还可以看出，0～20℃时，随温度的降低，其剪切应力升高，而20～40℃时，其剪切应力随温度的升高而升高，这是由于温度小于20℃时，分子之间的相对运动越慢，表观黏度降低，剪切所需要的剪切力相对较大。而当温度大于20℃时，随着温度的升高，分子之间运动加剧，加速分子之间的碰撞，导致分子发生凝结缠绕，表观黏度增大，因此，剪切力也随之增大。

在整个剪切过程中，0～40℃全蛋液的流变曲线符合非牛顿流体的屈服-假塑性流体，可采用 Herschel-Bulkley 模型 $\sigma = \sigma_0 + k\gamma^n$ 进行拟合，得到拟合参数见表2-5。

表2-5 不同温度下全蛋液的流变特性拟合参数值

温度/℃	屈服应力 σ_0/Pa	黏稠系数 K/(Pa·s^n)	流变特性指数 n	相关系数 R^2	残差平方和 χ^2
0	0.0801	0.0565	0.9305	0.9991	0.0095
20	0.0246	0.0159	0.9524	0.9997	0.0003
40	0.0637	0.0547	0.8626	0.9998	0.0007

由表2-5可知，全蛋液的流变特性指数（n）均小于1，且随着温度的升高，呈现先增大后减小的趋势。流变特性指数的大小反映了流体剪切变稀的难易程度，表示流体偏离牛顿流体的程度。表中蛋液的流变特性指数减小，表明全蛋液的非牛顿流体行为增强，牛顿流体行为减弱，相反，蛋液的流变特性指数增大，意味着其非牛顿流体行为减弱，牛顿流体增强。

因此，0～20℃，随温度的升高，n 增大，蛋液的牛顿流体行为增强，屈服应力减小，黏稠系数相应减小，表观黏度减小，易于剪切。而温度在20～40℃时，随温度的升高，n 减小，蛋液的非牛顿流体行为增强，屈服应力增大，黏稠系数相应增大，表观黏度增大，不易剪切，与蛋液流变曲线的变化趋势相符合。模型的相关系数 R^2 为 0.9991～0.9998，残差平方和 χ^2 为 0.0003～0.0095，说明采用 Herschel-Bulkley 模型拟合全蛋液的流变曲线是可靠的。

2.2.3 超声时间及声能密度对全蛋液的表观黏度的影响

将温度设定在25℃，测定不同样品的表观黏度及剪切应力随剪切速率从0～

$300s^{-1}$ 递增过程中的变化。

不同超声作用时间及超声声能密度下全蛋液的表观黏度随剪切速率的变化曲线如图 2-12、图 2-13 所示。

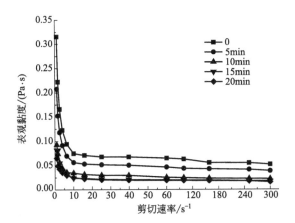

图 2-12　不同超声作用时间下全蛋液的表观黏度随剪切速率的变化曲线

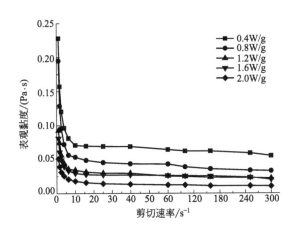

图 2-13　不同超声声能密度下全蛋液的表观黏度随剪切速率的变化曲线

由图 2-12、图 2-13 可知，不同超声处理条件下，全蛋液的表观黏度随剪切速率的增大而降低，表现为剪切稀化现象，这是由于剪切过程破坏了蛋液的胶体状态及其大分子物质之间紧密的结构，分子之间重新排列，使其流动性增强、表观黏度降低，且在较低剪切速率（$0 \sim 10s^{-1}$）下，表观黏度下降较多，随着剪切速率的增大，分子之间取向逐渐趋于相同，表观黏度也逐渐稳定。

当剪切速率一定时，随着超声作用时间及声能密度的增大，全蛋液的表观黏度降低，当未超声（0min）时，初始表观黏度为0.316Pa·s，而超声作用时间5min、10min、15min、20min后，其黏度分别为0.208Pa·s、0.093Pa·s、0.082Pa·s、0.065Pa·s，分别降低了34%、71%、74%、79%，当超声声能密度为0.4W/g、0.8W/g、1.2W/g、1.6W/g、2.0W/g时，其黏度分别为0.228Pa·s、0.195Pa·s、0.093Pa·s、0.081Pa·s、0.051Pa·s，分别降低了28%、38%、71%、74%、84%。这是由于超声在液体中传播时，其机械效应可产生强大的剪切力，其空化效应可产生瞬时的高温、高压，且空化泡的塌陷产生强大的冲击波，在固-液界面产生微射流及声冲击，这两种效应产生强大的破坏力，破坏蛋液的胶团结构，及大分子之间键合作用，使液体流动性增加、黏度降低，且随着超声作用时间及声能密度的增加，其机械效应随之增强，在强大的剪切力下，物料组织间隙反复拉伸、断裂，此外，空化泡的不断崩溃使液体流动性增强，因此表观黏度下降得更多。

2.2.4 超声时间及声能密度对全蛋液流变模型的影响

对剪切应力随剪切速率的变化曲线进行拟合，得到全蛋液在不超声作用时间及声能密度下的流变模型及流变特性参数。

不同超声作用时间及声能密度下全蛋液的剪切应力随剪切速率的变化曲线如图2-14、图2-15所示。

由图2-14、图2-15可知，不同超声作用时间及声能密度处理的全蛋液，其剪切应力随剪切速率的增加而增大，当剪切速率一定时，全蛋液的剪切应力随超声作用时间的延长而降低，如剪切速率在300s^{-1}时，未处理（0min）的全蛋液其剪切应力为19.44Pa，当超声处理时间为5min、10min、15min、20min时，全蛋液的剪切应力分别为15.62Pa、11.98Pa、7.99Pa、4.14Pa。同样地，在剪切速率一定时，全蛋液的剪切应力随超声声能密度的增大而降低，如剪切速率在300s^{-1}，超声声能密度为0.4W/g、0.8W/g、1.2W/g、1.6W/g、2.0W/g时，全蛋液的剪切应力分别为17.71Pa、14.63Pa、11.98Pa、8.63Pa、5.57Pa。

经过超声处理后，其剪切应力均比未经过超声的剪切应力小，这是超声空化效应和机械效应的结果。将流变曲线采用Herschel-Bulkley模型$\sigma = \sigma_0 + k\gamma^n$进行拟合，得到拟合参数见表2-6、表2-7。

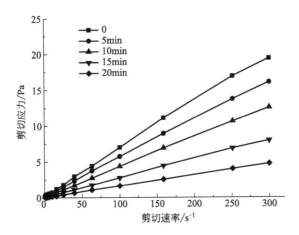

图 2-14　不同超声作用时间下全蛋液的剪切应力随剪切速率的变化曲线

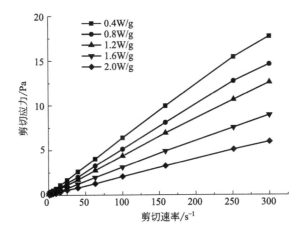

图 2-15　不同超声声能密度下全蛋液的剪切应力随剪切速率的变化曲线

表 2-6　不同超声作用时间下全蛋液的流变特性拟合参数值

作用时间 /min	屈服应力 σ_0/Pa	黏稠系数 K/(Pa·s^n)	流变特性指数 n	相关系数 R^2	残差平方和 χ^2
0	0.104	0.087	0.949	0.9993	0.0334
5	0.077	0.067	0.957	0.9998	0.0076
10	0.023	0.049	0.973	0.9996	0.0034

续表

作用时间 /min	屈服应力 σ_0/Pa	黏稠系数 $K/(Pa \cdot s^n)$	流变特性指数 n	相关系数 R^2	残差平方和 χ^2
15	0.013	0.031	0.975	0.9997	0.0033
20	0.012	0.018	0.977	0.9993	0.0003

表 2-7 不同超声声能密度下全蛋液的流变特性拟合参数值

声能密度/ (W/g)	屈服应力 σ_0/Pa	黏稠系数 $K/(Pa \cdot s^n)$	流变特性 指数 n	相关系数 R^2	残差平方和 χ^2
0.4	0.059	0.064	0.950	0.9995	0.0166
0.8	0.052	0.057	0.964	0.9994	0.0144
1.2	0.023	0.049	0.973	0.9998	0.0034
1.6	0.012	0.034	0.975	0.9997	0.0026
2.0	0.009	0.022	0.983	0.9998	0.0009

由表 2-6、表 2-7 可知，流变特性指数 $n<1$，且随着超声作用时间及声能密度的增大而增大，而屈服应力及黏稠系数则随之减小，表明超声作用可使全蛋液的牛顿流体行为增强，非牛顿流体行为减弱。由于全蛋液中含有蛋白质、脂肪等大分子物质，它们之间相互缠绕，从而形成一定的空间网络结构，使得全蛋液具有一定的屈服应力，而超声的空化效应及机械效应打破大分子物质间的网络结构，从而降低屈服应力，黏稠系数也相应降低。

曲线拟合的相关系数 R^2 为 0.9994～0.9998，残差平方和 χ^2 为 0.0009～0.0166，说明不同超声条件下，全蛋液的流变曲线符合 Herschel-Bulkley 模型。

2.2.5 全蛋液线性黏弹区的测定

线性黏弹区是指复合模量 G^* 不随振荡应变的变化而变化，全蛋液的内部结构不会被破坏。

由图 2-16 可知，未经超声处理和经过超声处理一定时间的全蛋液，其振荡应变在 0.15%～0.5% 内复合模量保持稳定，不同超声声能密度处理下，全蛋液的振荡应变也在此范围内，因此，0.15%～0.5% 为全蛋液的线性黏弹区，本试

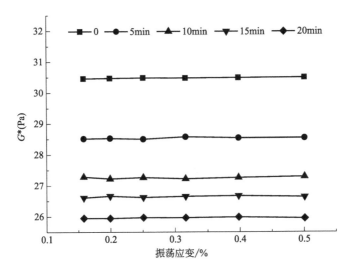

图 2-16　不同超声作用时间下全蛋液的线性黏弹区域

验选定 0.3％的振荡应变作为测定全蛋液动态流变特性的条件。

2.2.6　超声时间对全蛋液储能模量与损耗模量的影响

对不同超声作用时间下的全蛋液进行频率扫描，测定频率扫描过程中储能模量 G'、损耗模量 G''的变化，结果见图 2-17、图 2-18。G'为储能模量，反应材料储存能量的能力，可以表征材料的弹性特征；G''为损耗模量，反应材料释放能量的能力，可以表征材料的黏性特征。

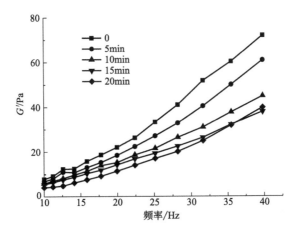

图 2-17　不同超声作用时间下全蛋液的储能模量

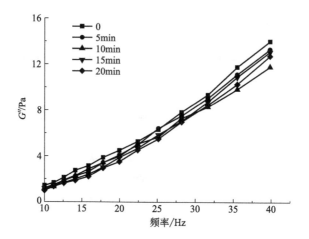

图 2-18　不同超声作用时间下全蛋液的损耗模量

损失正切（tanδ）定义为 G'' 与 G' 的比值，结果见表 2-8，tanδ $= G''/G'$，可以直观地反映出流体的黏弹特征。当 tanδ$<$1 时，说明 G' 相对于 G'' 占主要优势，流体主要表现固体弹性性质，反之则主要表现为流体黏性性质。

表 2-8　不同超声作用时间下全蛋液的损耗模量/储能模量

频率/Hz	超声作用时间/min				
	0	5	10	15	20
	tanδ				
10.000	0.182	0.177	0.199	0.220	0.240
11.220	0.181	0.185	0.188	0.219	0.305
12.589	0.173	0.166	0.230	0.219	0.334
14.125	0.220	0.206	0.235	0.228	0.298
15.849	0.199	0.202	0.252	0.231	0.291
17.783	0.208	0.224	0.247	0.255	0.322
19.953	0.204	0.221	0.261	0.273	0.308
22.387	0.201	0.223	0.271	0.278	0.323
25.119	0.190	0.237	0.263	0.303	0.323

续表

频率/Hz	超声作用时间/min				
	0	5	10	15	20
	tanδ				
28.184	0.191	0.228	0.275	0.312	0.346
31.623	0.181	0.223	0.267	0.331	0.339
35.482	0.195	0.222	0.261	0.339	0.323
39.811	0.195	0.218	0.262	0.345	0.320

由图 2-17、图 2-18 可知，在 10～40Hz 的频率范围内，全蛋液的损耗模量 G'' 和储能模量 G' 与频率具有一定的依赖性，同时，随着超声作用时间的增大，损耗模量 G'' 和储能模量 G' 均减小，说明全蛋液的黏性特征和弹性特征均减弱。这是由于损耗模量 G'' 主要是由小分子的碳水化合物、维生素、无机盐等所表现出的黏性行为，而储能模量 G' 主要是由蛋白质、脂肪等大分子物质所表现出的固体弹性行为，而超声作用会使大分子链断裂，同时破坏大分子物质之间的排列方式及其空间结构，呈现更疏松的趋势，从而使损耗模量 G'' 和储能模量 G' 均减小。

由表 2-8 可知，tanδ 始终小于 1，说明全蛋液的储能模量 G' 始终大于损耗模量 G''，即其弹性特征大于黏性特征，主要是由于全蛋液中的蛋白质、脂肪等大分子物质所表现出的弹性特征占优势，全蛋液主要表现为弹性性质。

2.2.7　超声声能密度对储能模量与损耗模量的影响

对不同超声声能密度下的全蛋液进行频率扫描，测定频率扫描过程中储能模量 G'、损耗模量 G'' 的变化，结果见图 2-19、图 2-20，损失正切 tanδ 的结果见表 2-9。

由图 2-19、图 2-20 可知，在 10～40Hz 的频率范围内，全蛋液的损耗模量 G'' 和储能模量 G' 与频率具有一定的依赖性，同时，随着超声声能密度的增大，损耗模量 G'' 和储能模量 G' 均减小，说明全蛋液的黏性特征和弹性特征均减弱。

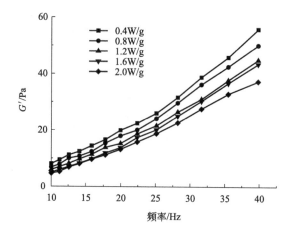

图 2-19　不同超声声能密度下全蛋液的储能模量

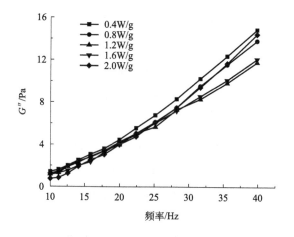

图 2-20　不同超声声能密度下全蛋液的损耗模量

表 2-9　不同超声声能密度下全蛋液的损耗模量/储能模量

频率 /Hz	超声声能密度/(W/g)				
	0.4	0.8	1.2	1.6	2.0
	$\tan\delta$				
10.000	0.176	0.181	0.199	0.225	0.162
11.220	0.171	0.183	0.188	0.217	0.159

续表

频率 /Hz	超声声能密度/(W/g)				
	0.4	0.8	1.2	1.6	2.0
	$\tan\delta$				
12.589	0.178	0.193	0.230	0.216	0.183
14.125	0.201	0.223	0.235	0.241	0.236
15.849	0.213	0.226	0.252	0.240	0.261
17.783	0.218	0.220	0.247	0.275	0.272
19.953	0.223	0.237	0.261	0.302	0.302
22.387	0.247	0.252	0.271	0.284	0.300
25.119	0.261	0.254	0.263	0.299	0.324
28.184	0.262	0.252	0.275	0.288	0.330
31.623	0.264	0.263	0.267	0.282	0.341
35.482	0.270	0.272	0.261	0.276	0.355
39.811	0.266	0.276	0.262	0.278	0.387

由表 2-9 可知，$\tan\delta$ 始终小于 1，说明全蛋液中的蛋白质、脂肪等大分子物质所表现出的弹性特征占优势，全蛋液主要表现为弹性性质。

静态流变试验表明，全蛋液是一种假塑性非牛顿流体，其剪切应力随剪切速率的增大而增加，呈现出典型的剪切稀化现象，其流变曲线在温度为 0～40℃时服从 Herschel-Bulkley 模型。

随着超声作用时间及声能密度的增大，全蛋液的流变特性指数（$n<1$）增大，屈服应力及黏稠系数减小，流动性增加，全蛋液的非牛顿流体特性减弱，牛顿流体特性增强。表明超声在液体中传播时，其机械效应及空化效应产生强大的破坏力，破坏蛋液的胶团结构及大分子之间键合作用，使液体流动性增加，黏度降低。其流变模型符合 Herschel-Bulkley 模型。

动态流变试验表明，全蛋液线性黏弹区的振荡应变为 0.15%～0.5%，在线性黏弹区内进行频率扫描，发现全蛋液的 $\tan\delta$ 始终小于 1，说明全蛋液主要表现为固体弹性性质，且不依赖于振荡频率，且随着超声作用时间及声能密度的增大，其损耗模量 G'' 和储能模量 G' 均减小，说明全蛋液的黏性特征和弹性特征均减弱，流动性增强，与静态流变试验结果一致。

2.3 超声真空干燥对地黄浸膏流变性的影响

黏稠膏体物料种类很多，如淀粉糊、淀粉糖化醪、浓缩果汁、中药提取浸膏等，多糖含量高是造成其黏稠的主要原因。多糖分子溶于水中时，裸露的多糖极性基团与水分子以氢键或偶极作用力相互制约形成内层水膜，内层水与外层水缔合，最终形成以多糖分子为骨架、体积极大的无规线团。多糖分子在溶液中旋转时需要占用大量的空间，分子与分子间彼此碰撞的频率较高，产生摩擦，从而产生较高的黏度。

本节拟利用自制的地黄浸膏黏度在线检测装置，探讨超声对地黄浸膏流变性的影响规律，阐明超声促进黏稠浸膏传热传质的深层原因，为中药浸膏干燥探索一种新的方法。

2.3.1 超声真空干燥地黄浸膏过程的红外成像

将干基含水率50%的地黄浸膏置入超声强化干燥容器中，在没有其他热源的情况下进行超声强化干燥，每10min用红外成像仪（FLIR B200）从不同角度拍摄地黄浸膏的红外成像图并记录温度，直至物料温度不再发生变化。其结果如图2-21所示。

图2-21为经过不同超声作用时间下的地黄浸膏的红外成像图，（a）、（b）分别为超声作用2min后的俯视图和侧视图，可以看出，此时地黄浸膏仍处于较低温度，由于地黄浸膏含水率高，比热容较大，物料温度甚至低于干燥容器的壁温，此时只有压电晶片升温较快，处于较高温度；随着超声波的持续作用，30min时，图（c）、（d）物料温度显著升高，比超声作用2min时平均升高20℃左右，且升温效果呈现明显的波动性。

超声的热效应是由于超声波的空化作用和机械作用引起的，通过观测超声的热效应可以反映出超声在物料中的传播状况。由于声波传递到液面或容器壁形成的反射波会与原声波叠加，使某些质点能量增强或减弱，形成强弱相间的驻波。从图中可以看出超声能量强弱交替分布。导致超声能量较强的区域在槽中呈带状分布，并且能量分布更倾向于向容器中央轴线集中，声能在传播的过程中不断衰

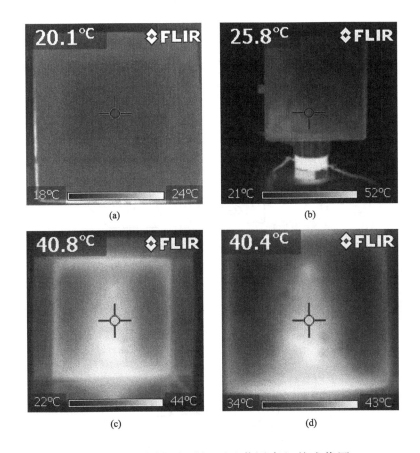

图 2-21　不同超声时间下地黄浸膏红外成像图

减，反射波的能量也不断衰减，两者叠加后在浸膏和容器结合处也出现能量较高值。所以，超声空化作用、机械作用及由此引起的热效应强化了黏稠浸膏特别是较难干燥的中心位置的传热传质，能有效提高干燥效率。

2.3.2　超声对不同浓度地黄浸膏流变性的影响

超声强化干燥高糖黏稠膏体黏度检测装置如图 2-22 所示。

将数显式转子黏度计固定在支架上，根据不同干燥阶段选择合适的转子和转速，通过铁架台上刻度尺确定黏度计的高度，按照试验要求进行设置，将浓度为 20％、30％、40％、50％的地黄浸膏置于黏度检测装置中，打开超声波发生器，在 100W 功率下作用 10min、然后将黏度计分别在 3 挡、6 挡、12 挡、30 挡、60 挡的转速下测量其表观黏度，对照组不加超声，测量超声过程中不同浓度膏体物料的黏度，作出表观黏度和剪切速率的关系曲线。测定结果如图 2-23 所示。

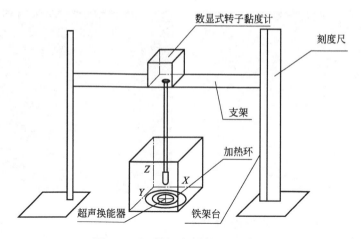

图 2-22　黏度检测装置示意图

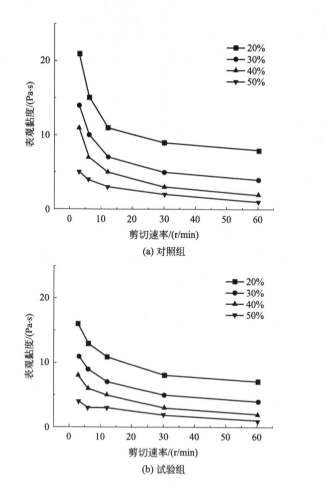

图 2-23　超声对不同浓度地黄浸膏的流变性影响

由图 2-23 可以看出，随着地黄浸膏浓度的增加，相同剪切速率时其表观黏度也随之增加。相同浓度条件下，浸膏黏度随剪切速率的增加而下降，呈现明显的剪切稀化现象，说明地黄浸膏具有假塑性流体的特征，地黄浸膏中多糖含量高是造成其黏稠的主要原因。多糖分子在溶液中旋转时需要占用大量的空间，分子与分子间彼此碰撞的频率较高，产生摩擦，从而产生较高的黏度。当转子沿着同一方向转动时，地黄浸膏中的多糖分子也会逐渐随着转子排列，导致表观黏度降低。

剪切稀化现象对加工过程具有重要的影响。一般来说，剪切稀化可改进物料的泵送和灌注工艺，使能量消耗减少；在高剪切速率条件下进行加工，可以使物料的表观黏度下降，从而使物料容易加工，这是有利的一面，但剪切稀化也会带来加工上的困难，例如搅拌过程中由于剪切速率在罐中各处不均匀，表观黏度不均，致使物料混合不均匀。与对照组相比较，试验组中剪切速率和表观浓度呈现大体相同的变化趋势，相同浓度和剪切速率下，表观黏度比对照组小，且剪切稀化效应比对照组小。其主要原因可能是超声破坏了大分子多糖的长链结构，降低了多糖的"缠绕"效应，削弱了多糖分子之间及其与水分子的"键合"，造成物料黏度降低。

2.3.3　超声对不同浓度地黄浸膏流变特性指数和黏稠指数的影响

将图 2-23 中的数据运用 Origin 软件进行数据处理，得到不同浓度地黄浸膏流变方程、黏稠系数 K 和流动特性指数 n 值，分别见表 2-10 和表 2-11。

表 2-10　不同浓度地黄浸膏的流变方程

浓度 /%	对照组		试验组	
	流变方程	相关系数	流变方程	相关系数
20	$\tau = 27.45\gamma^{-0.585}$	0.9797	$\tau = 20.09\gamma^{-0.475}$	0.9984
30	$\tau = 21.34\gamma^{-0.425}$	0.9878	$\tau = 14.93\gamma^{-0.354}$	0.9768
40	$\tau = 15.73\gamma^{-0.336}$	0.9965	$\tau = 12.57\gamma^{-0.217}$	0.9696
50	$\tau = 8.45\gamma^{-0.201}$	0.9847	$\tau = 5.06\gamma^{-0.126}$	0.9784

表 2-11　不同浓度地黄浸膏的黏稠系数 K 和流动特性指数 n 值

浓度 /%	对照组		试验组	
	$K/(\text{Pa} \cdot \text{s}^n)$	n	$K/(\text{Pa} \cdot \text{s}^n)$	n
20	27.45	0.415	20.09	0.525
30	21.34	0.575	14.93	0.646
40	15.73	0.664	12.57	0.783
50	8.45	0.799	5.06	0.874

　　由表 2-10 和表 2-11 可以看出，对照组和试验组浸膏流动特性指数 n 均随浓度增大而增大，说明浓度越小的地黄浸膏越接近于牛顿流体，这与现实状况相符；黏稠系数也随着浓度的增大而增大，显然地黄浸膏的浓度越大，黏性越强。

　　与对照组相比，试验组的黏稠系数 K 相对减小，表明超声作用降低了地黄浸膏的黏稠度，同时流动特性指数 n 却相应增大，主要原因是超声会破坏地黄多糖的聚集行为，降低其表观黏度，进而断裂多糖链，降低其特性黏度，随着剪切速率的增大，其内部分子越易受外力影响而变形，导致剪切稀化现象不明显。

2.3.4　超声对不同温度地黄浸膏流变性的影响

　　将浓度为 20% 的地黄浸膏置于黏度检测装置中，打开超声波发生器，在100W 功率下作用 10min，分别将温度控制在 30℃、40℃、50℃、60℃，将黏度计分别在 3 挡、6 挡、12 挡、30 挡、60 挡的转速下测量其表观黏度，对照组不加超声，测定结果如图 2-24 所示。

　　由图 2-24 可以看出，随着温度的增加，地黄浸膏在相同剪切速率时其表观黏度逐渐下降。相同浓度条件下，浸膏黏度仍然随剪切速率的增加而下降，呈现明显的剪切稀化现象，说明不同温度下的地黄浸膏都有假塑性流体的特征。与对照组相比较，试验组中剪切速率和表观浓度呈现大体相同的变化趋势，相同温度和剪切速率下，表观黏度明显比对照组小，且剪切稀化效应比对照组小，整体上看，超声对地黄浸膏的降黏效应甚至高于温度的影响，特别是在高浓度情况下，其主要原因仍是超声对多糖分子长链的特殊作用。

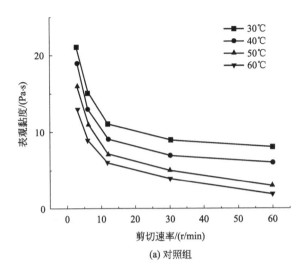

(a) 对照组

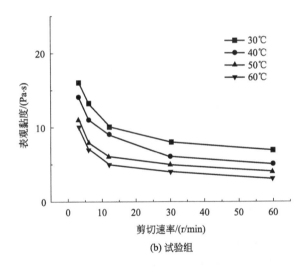

(b) 试验组

图 2-24　超声对不同温度下浸膏的流变性影响

2.3.5　超声对不同温度地黄浸膏流变特性指数和黏稠指数的影响

将图 2-24 中的数据运用 Origin 软件进行数据处理，得到不同浓度地黄浸膏流变学方程、黏稠系数 K 和流动特性指数 n 值，分别见表 2-12 和表 2-13。

表 2-12　不同温度下地黄浸膏的流变方程

温度 /℃	对照组		试验组	
	流变方程	相关系数	流变方程	相关系数
30	$\tau = 33.07\gamma^{-0.568}$	0.9874	$\tau = 23.09\gamma^{-0.448}$	0.9765
40	$\tau = 30.24\gamma^{-0.531}$	09888	$\tau = 20.33\gamma^{-0.419}$	0.9947
50	$\tau = 25.12\gamma^{-0.486}$	0.9684	$\tau = 18.34\gamma^{-0.395}$	0.9563
60	$\tau = 20.47\gamma^{-0.417}$	0.9815	$\tau = 15.26\gamma^{-0.357}$	0.9968

表 2-13　不同温度下地黄浸膏的黏稠系数 K 和流动特性指数 n 值

温度 /℃	对照组		试验组	
	$K/(\mathrm{Pa \cdot s}^{n})$	n	$K/(\mathrm{Pa \cdot s}^{n})$	n
30	33.07	0.432	23.09	0.552
40	30.24	0.469	20.33	0.581
50	25.12	0.514	18.34	0.605
60	20.47	0.583	15.26	0.643

　　由表 2-12 和表 2-13 可以看出，对照组和试验组浸膏流动特性指数 n 均随温度升高而略有升高，说明温度越高，地黄浸膏的流动性越好；而黏稠指数也随着温度的升高而减小，温度的升高导致分子运动加剧，从而降低了膏体的黏度。

　　与对照组相比，试验组的黏稠系数 K 相对减小，表明超声作用降低了地黄浸膏的黏稠度，同时流动特性指数 n 却相应增大，超声的存在使地黄多糖的无规则运动更加剧烈，甚至使其断裂，随着剪切速率的增大，其内部分子越易受外力影响而变形，导致剪切稀化现象不明显。

　　通过测定地黄浸膏在不同条件下的黏度得知，浸膏的黏度随浓度的升高而增大，随温度的升高而逐渐降低；地黄浸膏的表观黏度随剪切速率的加快而减小，但随着剪切速率不断增大，浸膏黏度趋于稳定。特性指数 n 随浓度增大而增大，说明浓度越小的地黄浸膏越接近于牛顿流体；黏稠系数 K 也随着浓度的增大而增大，显然地黄浸膏的浓度越大，黏性越强。而温度的作用却正好相反，温度越

高 K 值和 n 值越小，温度升高降低了地黄浸膏的黏度，并使其流动性增强。

超声作用降低了地黄浸膏的黏稠度，同时使流动特性指数 n 相应增大，超声会破坏地黄多糖的聚集行为，降低其表观黏度，进而断裂多糖链，降低其特性黏度，随着剪切速率的增大，其内部分子更易受外力影响而变形，导致剪切稀化现象不明显。

第3章

生物黏稠物料的干燥特性

3.1 蜂蜜超声真空干燥特性

近年来，超声波联合干燥技术得到了广泛的应用，研究发现该方法不仅能缩短干燥时间，提高干燥速率，而且超声波对于黏稠的流体具有降黏作用，使其流动性增加，降低水分扩散阻力，有利于水分的迁移。本章以蜂蜜为干燥试验材料，探究超声对真空干燥过程的强化效果，研究蜂蜜的干燥特性，建立干燥动力学模型，以期为超声真空干燥工艺的研究建立理论依据。

将洋槐蜜采用105℃烘箱法测得蜂蜜的初始干基含水率为19.7%。每次蜂蜜干燥试验的用量为50g。超声真空干燥设备如图3-1所示，由河南科技大学制造。

该设备主要由超声波系统、真空系统及温控系统组成。其中超声波系统由超声波发生器、超声波换能器及超声波接收装置组成。

超声波发生器的作用是把普通交流电转换成与超声波换能器相匹配的高频交流电信号，通过电缆与换能器相连，以驱动换能器工作，本设备功率调节范

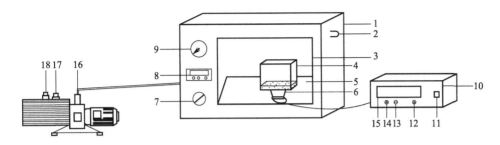

图 3-1　超声真空干燥设备

1—箱体；2—放气阀；3—内胆；4—超声波接收装置；5—隔板；6—超声波换能器；7—真空阀；
8—温度控制器；9—真空表；10—超声波发生器；11—开关；12—扫频开关；13—设定时间；
14—设定功率；15—电子显示屏；16—进气嘴；17—排气口；18—气镇阀

围为 0～300W。赵芳等研究发现，在声能密度相同的条件下，频率越高，声波的振幅越小，声波膨胀相及压缩相时间都相应变短，空化泡半径减小，空化效应减弱，提高超声频率对污泥干燥速率的影响不明显。因此，本试验采用的超声频率为 28kHz。

超声波换能器是转换器件，将电信号转变成相应的机械振动，结构主要包括超声波振子及超声波接收装置。本试验所用超声波振子为喇叭形陶瓷压电超声振子。尺寸参数为：高度为 68mm、底面直径 45mm、喇叭口直径 65mm。

超声波接收装置是采用耐腐蚀的不锈钢板制作而成的正方形容器，用来盛放液体物料，其通过专用超声波振子黏合胶（环氧树脂 AB 胶水）粘接到超声换能器的表面。尺寸参数为：高 100mm、边长 100mm、壁厚 2mm。

通过前期预实验，对不同超声频率（20kHz、25kHz、28kHz、40kHz、68kHz）和不同真空度（-0.03MPa、-0.06MPa、-0.09MPa）的干燥特性结果进行分析，选择出最佳真空度为 -0.09MPa 及超声频率为 28kHz。在此干燥条件下，设定干燥温度为 30℃、40℃、50℃、60℃、70℃，超声声能密度为 0、0.4W/g、0.8W/g、1.2W/g、1.6W/g，超声时间 40min、80min、120min、160min、200min，探究不同条件对蜂蜜干燥特性的影响。每隔 20min 快速从干燥箱内取样进行称重，直至样品质量保持不变，停止干燥。每组试验重复 3 次。

3.1.1　干基含水率和干燥速率的计算

（1）干基含水率的计算方法　干燥过程中的样品干基含水率可根据式（3-1）计算：

$$M_{\mathrm{t}} = \frac{W_{\mathrm{t}} - M_{\mathrm{d}}}{M_{\mathrm{d}}} \tag{3-1}$$

式中，M_{t} 为样品的干基含水率；W_{t} 为样品 t 时刻的质量，g；M_{d} 为绝干样品质量，g。

（2）干燥速率的计算方法   干燥过程中的样品干燥速率可根据式(3-2) 计算：

$$\mathrm{DR} = \frac{M_{\mathrm{t}} - M_{t+\Delta t}}{\Delta t} \tag{3-2}$$

式中：DR 为干燥速率，$g/g \cdot min^{-1}$；M_{t} 为样品 t 时刻的含水率（干基），g/g；$M_{t+\Delta t}$ 为样品 $t + \Delta t$ 时刻的含水率（干基），g/g。

3.1.2 温度对蜂蜜干燥特性的影响

不同干燥温度下蜂蜜的干燥曲线和干燥速率曲线分别见图 3-2 和图 3-3。

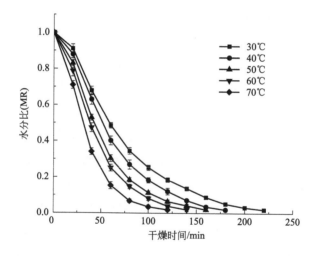

图 3-2   不同干燥温度下蜂蜜的干燥曲线

由图 3-2、图 3-3 可知，与干燥温度 30℃ 的干燥时间 220min 和干燥速率 0.00129g/(g/min) 相比，干燥温度 40～70℃ 的干燥时间分别降低至 180min、160min、140min、120min，缩短了 18%、27%、36%、45%。干燥速率分别提高至 0.00143g/(g/min)、0.00161g/(g/min)、0.00184g/(g/min)、0.00215g/(g/min)，提高了 11%、25%、43%、67%。方差分析结果表明温度对干燥时间具有显著影响（$P < 0.05$）。说明干燥温度的升高缩短了干燥时间，提高了干燥速率，这是由于干燥介质温度的升高，使得干燥介质与样品间的温度梯度增大，

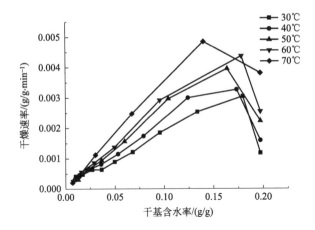

图 3-3　不同干燥温度下蜂蜜的干燥速率曲线

致使热流密度增加，加快干燥过程。并且干燥温度的升高使样品中水分子的运动加快，样品内部水分扩散能力增强，有利于干燥过程的进行。但干燥温度不宜过高，过高会影响干燥产品品质，因此，在其他试验条件下，固定干燥温度为 50℃。

3.1.3　超声声能密度对蜂蜜干燥特性的影响

　　超声声能密度对蜂蜜超声真空干燥的干燥曲线和干燥速率曲线的影响，如图 3-4、图 3-5 所示。

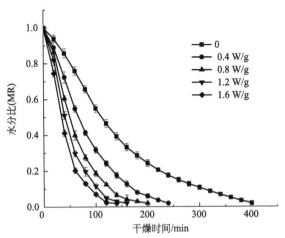

图 3-4　不同超声声能密度下蜂蜜的干燥曲线

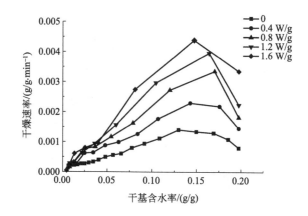

图 3-5 不同超声声能密度下蜂蜜的干燥速率曲线

由图 3-4、图 3-5 可知，未施加超声时，真空干燥的干燥时间是 400min，平均干燥速率是 6.45×10^{-4} g/(g/min)。而在 0.4W/g、0.8W/g、1.2W/g、1.6W/g 的超声声能密度条件下，干燥时间分别为 240min、200min、160min、140min，分别缩短了 40%、50%、60% 和 65%，相应的平均干燥速率为 0.00114g/(g/min)、0.00132g/(g/min)、0.00161g/(g/min) 和 0.00213 g/(g/min)，分别提高了 66%、100%、150% 和 232%。方差分析结果表明声能密度对干燥时间具有显著影响（$P<0.05$）。可见，超声作用有利于加快样品内部水分扩散，提高干燥速率。超声波产生的高频振动使样品内部结构受到破坏，将部分结合水及较难分离的不易流动水转换为自由水，加速了水分的去除。从干燥速率曲线可以看出，蜂蜜超声真空干燥过程主要由升速阶段和降速阶段组成，干燥过程中没有明显的恒速阶段。干燥初始阶段，随着含水率的降低，干燥速率急剧增加，达到峰值，这是由于超声波能量被液体介质吸收并转化成热能，使得样品表面水分快速升温，并迅速扩散，致使干燥速率增加。王汉羊等研究山药微波耦合热风干燥也发现干燥前期速率急剧增加，干燥过程大部分为降速阶段，没有恒速阶段。随着含水率的进一步降低，干燥速率进入降速阶段，说明蜂蜜中的水分降到一定程度后，影响干燥的因素主要是样品内部水分的迁移、扩散，蜂蜜超声真空干燥过程大部分处于降速阶段，是因为样品内部水分的迁移距离在不断增加致使干燥速率降低。同时，随着含水率的降低，超声波的强化效应也随之减弱，导致干燥速率降低。马怡童等研究超声强化真空干燥全蛋液的干燥特性，干燥速率曲线也表现出类似的现象。

3.1.4　超声时间对蜂蜜干燥特性的影响

超声时间对蜂蜜超声真空干燥的干燥曲线和干燥速率曲线的影响，如图 3-6 和图 3-7 所示。

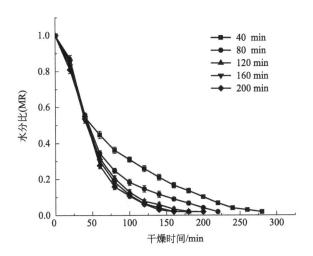

图 3-6　不同超声时间下蜂蜜的超声真空干燥的干燥曲线

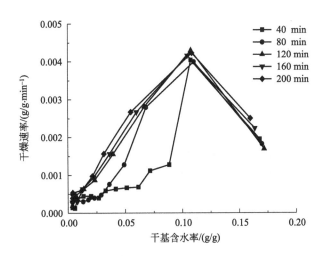

图 3-7　不同超声时间下蜂蜜的干燥速率曲线

由图 3-6、图 3-7 可知，与真空干燥的干燥时间 400min 和干燥速率 6.45×

10^{-4}g/(g·min) 相比，超声时间的干燥时间分别降低至 280min、220min、180min、160min、160min，缩短了 30%、45%、55%、60%、60%。干燥速率分别提高至 0.00087g/(g·min)、0.00116g/(g·min)、0.00149g/(g·min)、0.00161g/(g·min)、0.00160g/(g·min)，提高了 35%、80%、131%、150%、148%。方差分析结果表明超声时间对干燥时间具有显著影响（$P < 0.05$）。由此可见，超声时间的不同影响着样品干燥过程中的强化效果。超声时间 80min 以内，超声强化效果并不能充分发挥，干燥速率偏小，当超声时间为 160min 时，干燥速率最大，干燥时间缩短，但继续增加超声时间，干燥速率并没有大幅度增加，超声波的强化效果已不明显，这是因为当样品的含水率降低时，超声波产生的空化效应在固体中的特征阻抗较大于在液体中的特征阻抗，导致超声波在样品传播过程中衰减系数增大，减弱了超声波的强化效果。

3.1.5 蜂蜜干燥的有效水分扩散系数及活化能

(1) 水分比及有效水分扩散系数 水分比（MR）根据公式(3-3)计算：

$$MR = \frac{M_t - M_e}{M_0 - M_e} \approx \frac{M_t}{M_0} = \frac{8}{\pi^2} \exp\left(-\pi^2 \frac{D_{eff} t}{4L^2}\right) \tag{3-3}$$

式中，t 为干燥时间，min；L 为样品厚度，m；M_0 为样品的初始含水率（干基），g/g；M_t 为样品 t 时刻的含水率（干基），g/g；M_e 为平衡含水率，g/g；D_{eff} 为有效水分扩散系数，m^2/s。

有效水分扩散系数可根据式(3-3)的左右两端分别求导得出，如公式(3-4)：

$$\ln MR = \ln \frac{8}{\pi^2} - \pi^2 \frac{D_{eff} t}{4L^2} \tag{3-4}$$

以公式(3-4)为基础，将 $-\ln MR$ 与 t 在直角坐标系上作图，获得斜率 F 后利用公式(3-5)计算有效水分扩散系数 D_{eff}。

$$D_{eff} = \frac{F \times 4L^2}{\pi^2} \tag{3-5}$$

根据公式(3-4)拟合得到 $-\ln MR$ 与 t 的线性方程，由公式(3-5)计算 D_{eff} 值，在不同干燥温度下，其值变化范围为：$1.6125 \times 10^{-7} \sim 3.0412 \times 10^{-7}$ m^2/s。由图 3-8 可知，随着干燥温度的增加，D_{eff} 值增大，在不同声能密度下，其值变化范围为：$0.7879 \times 10^{-7} \sim 2.6473 \times 10^{-7}$ m^2/s，在不同超声时间下，其值变化范

围为：$1.1608 \times 10^{-7} \sim 2.1982 \times 10^{-7} \, m^2/s$。由图可知，随着超声声能密度和超声时间的增加，$D_{eff}$ 值均不同程度的增加。与真空干燥的 D_{eff} 值相比，在声能密度 $0.4W/g$、$0.8W/g$、$1.2W/g$、$1.6W/g$ 和超声时间为 $40min$、$80min$、$120min$、$160min$、$200min$ 时，D_{eff} 值分提高了 78%、135%、177%、236% 和 47%、84%、177%、179%。试验结果与紫薯超声强化热风干燥的结果相似，研究发现在 $30W$ 和 $60W$ 时，D_{eff} 值分别增加了 17.6% 和 48.1%。Garcia-Perez 等也表明在热风干燥过程中应用超声时，D_{eff} 值可增加 $407\% \sim 428\%$。因此，超声作用可以显著提高干燥过程中的水分流动性和水分迁移能力。

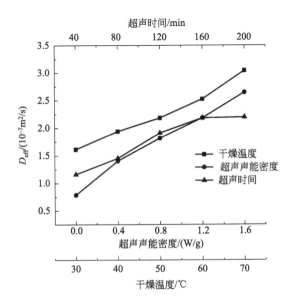

图 3-8　不同干燥条件下的有效水分扩散系数

(2) 活化能　蜂蜜干燥过程中的活化能可根据 Arrhenius 公式计算：

$$\ln D_{eff} = \ln D_0 - \frac{E_a}{R}\frac{1}{T} \tag{3-6}$$

式中，D_0 为 Arrhenius 方程的指前因子，m^2/s；E_a 为活化能，kJ/mol；T 为干燥温度，K；R 为常数 8.314，$mol \cdot K$。

图 3-9 为 D_{eff} 与干燥温度的关系曲线，通过该曲线中 $\ln D_{eff}$ 与 $1/T$ 的线性关系，由公式（3-5）可以得到斜率值 $-E_a/R$，可以计算出蜂蜜超声真空干燥的活化能 E_a 为 $13.25 kJ/mol$。

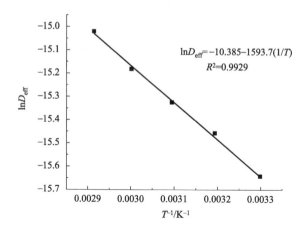

图 3-9　D_{eff} 与干燥温度的关系曲线

3.1.6　蜂蜜超声真空干燥动力学模型

(1) 模型的建立　常用的薄层干燥动力学模型，如表 3-1 所示。

表 3-1　薄层干燥动力学模型

序号	模型名称	模型方程
1	Lewis	$MR = \exp(-kt)$
2	Page	$MR = \exp(-kt^n)$
3	Henderson and Pabis	$MR = a\exp(-kt)$
4	Two-term model	$MR = a\exp(-k_0 t) + b\exp(-k_1 t)$
5	Two-termexponential	$MR = a\exp(-kt) + (1-a)\exp(-kat)$
6	Logarithmic	$MR = a\exp(-kt) + c$
7	Wang and Singh	$MR = 1 + at + bt^2$
8	Simplified Fick's diffusion	$MR = a\exp(-ct/L^2)$
9	Modified Page equation-II	$MR = \exp[-c(t/L^2)^n]$

注：MR 为水分比；t 为干燥时间，min；k 为干燥速率常数；a、c 为量纲干燥常数；L 为样品厚度，m。

干燥模型的优劣一般根据相关系数 R^2、均方根误差 RMSE、卡方值 χ^2 及相对误差 E 值的大小来判断。R^2 值越大，RMSE 值、χ^2 和 E 值越小，说明干燥模型的拟合程度越高，R^2、χ^2、RMSE、E 的计算公式如式（3-7）～式（3-10）所示：

$$R^2 = \frac{\sum_{i=1}^{N}(MR_{\text{pre},i} - \overline{MR_{\text{exp}}})^2}{\sum_{i=1}^{N}(MR_{\text{exp},i} - \overline{MR_{\text{exp}}})^2} \tag{3-7}$$

$$\chi^2 = \frac{\sum_{i=1}^{N}(MR_{\text{exp},i} - MR_{\text{pre},i})^2}{N - P} \tag{3-8}$$

$$e_{\text{RMSE}} = \sqrt{\frac{\sum_{i=1}^{N}(MR_{\text{exp},i} - MR_{\text{pre},i})^2}{N}} \tag{3-9}$$

$$E = \frac{100}{N}\sum_{i=1}^{N}\left(\frac{|M_{\text{exp},i} - M_{\text{pre},i}|}{M_{\text{exp},i}}\right) \times 100\% \tag{3-10}$$

式中，N 为观察量个数；P 为模型参数个数；$MR_{\text{pre},i}$ 和 $MR_{\text{exp},i}$ 分别为第 i 个预测水分比和实验测得的水分比；$\overline{MR_{\text{exp}}}$ 为实验测得水分比的算术平均值；$M_{\text{exp},i}$ 和 $M_{\text{pre},i}$ 分别为实验测得的干基含水率和预测干基含水率，g/g。

在不同超声声能密度条件下，分别对 9 个干燥模型进行拟合，得到各个干燥模型拟合结果如表 3-2 所示。

表 3-2　蜂蜜干燥动力学模型的相关系数 R^2、卡方值 χ^2 和均方根误差 RMSE

模型	相关系数 R^2		卡方值 χ^2		均方根误差 RMSE	
	范围	平均值	范围	平均值	范围	平均值
Lewis	0.9709～0.9804	0.9711	0.0193～0.0392	0.0295	0.0432～0.0585	0.4999
Page	0.9972～0.9992	0.9980	0.0010～0.0028	0.0022	0.0086～0.0176	0.0138
Herderson-Pabis	0.9735～0.9887	0.9813	0.0166～0.0245	0.0207	0.0320～0.0522	0.0440
Two-term exponential	0.9987～0.9994	0.9991	0.0005～0.0019	0.0010	0.0079～0.0114	0.0091
Logarithmic	0.9795～0.9944	0.9874	0.0076～0.0163	0.0117	0.0219～0.0425	0.0321
Wang and singh	0.9880～0.9956	0.9917	0.0055～0.0111	0.0092	0.0205～0.0351	0.0279
Two-term model	0.9629～0.9959	0.9781	0.0042～0.0245	0.0176	0.0320～0.0522	0.0425
Simplified Fick's diffusion	0.9691～0.9881	0.9787	0.0166～0.0245	0.0207	0.0320～0.0522	0.0451
Modified page	0.9970～0.9992	0.9980	0.0010～0.0028	0.0022	0.0086～0.0175	0.0138

由表 3-2 可以看出，在这些模型中 Two-term exponential 模型中的 R^2 最大，

χ^2 和 RMSE 值最小，其值分别为 0.9991、0.001、0.0091。因此，Two-term exponential 模型可以准确地描述蜂蜜超声真空干燥过程。该模型的干燥常数如表 3-3 所示。

表 3-3　不同干燥条件下模型干燥常数

干燥温度 /℃	声能密度 /(W/g)	超声时间 /min	Two-term exponential 模型		
			k	a	R^2
50	1.2	40	0.01540	0.58029	0.98801
50	1.2	80	0.02246	1.82533	0.98701
50	1.2	120	0.02629	2.00821	0.99473
50	1.2	160	0.02986	2.06018	0.99942
50	1.2	200	0.02995	2.06773	0.99958
50	0	160	0.00984	1.87352	0.99896
50	0.4	160	0.01710	1.91134	0.99934
50	0.8	160	0.02383	1.9821	0.99915
50	1.2	160	0.02986	2.06018	0.99942
50	1.6	160	0.03598	2.00565	0.99872
30	1.2	160	0.02016	1.99119	0.99827
40	1.2	160	0.02450	2.05233	0.99921
50	1.2	160	0.02986	2.06018	0.99942
60	1.2	160	0.33160	2.04527	0.99971
70	1.2	160	0.04315	2.10439	0.99981

利用 SPSS 17 软件对干燥常数 a 和 k 进行二次多项式逐步回归分析，求出 a 和 k 的回归方程，得到回归方程和方差分析，如表 3-4 所示。

表 3-4　回归方程和方差分析表

参数	R^2	自由度	F	$F_{0.01}$
k	0.97892	4,8	92.8827	7.01
a	0.94591	3,9	40.1132	6.99

k、a 的回归方程分别为：

$$k = 0.0380305 - 0.0537927\rho - 0.000001157t^2 + 0.0004866T \cdot \rho + 0.000299\rho \cdot t$$
$$a = 1.091934 + 0.165068\rho + 0.0092692t - 0.00002922t^2$$

由此可知，Two-term exponential 模型参数 a 和 k 均有 $F > F_{0.01}$，回归方程显著。

(2) 模型的验证　在不同超声声能密度条件下，比较超声真空干燥的实验值与 Two-term exponential 模型预测值。如图 3-10 所示，实验值与模型预测值在干燥过程中拟合度较好，相对误差（E）均低于 5%。试验结果表明，所建立的模型是准确的，可用于蜂蜜超声真空干燥过程中水分动态变化的预测。

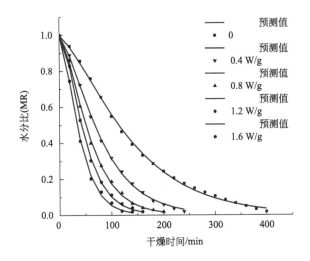

图 3-10　不同超声声能密度下实验值与模型预测值

超声真空干燥的试验结果表明，干燥过程主要为增速阶段和降速阶段，随着超声声能密度的增加，超声对蜂蜜干燥过程的强化效应增强，在超声时间达到 160min 后，继续延长超声时间，对蜂蜜干燥过程的强化效果并不明显。蜂蜜的 D_{eff} 值随干燥温度、超声声能密度和超声时间的增加而增大，其范围在 $0.7879 \times 10^{-7} \sim 3.0412 \times 10^{-7} \mathrm{m^2/s}$ 之间，根据 D_{eff} 与温度的关系，得到蜂蜜水分活化能为 13.25kJ/mol。通过常用的干燥模型对蜂蜜超声真空干燥过程进行拟合，Two-term exponential 模型的相关系数 R^2 的均值最大，卡方值和均方根误差的均值最小。经过验证，该模型是最优模型，能很好地预测蜂蜜超声真空干燥过程。

3.2　超声声能密度对蜂蜜干燥过程中水分迁移的影响

水分含量是食品干燥过程中一个非常重要的因素，含水量高的干燥食品既容易受到微生物的感染也不利于储藏，而含水量过低的食品不利于有效成分的保留。因此，利用低场核磁共振（LF-NMR）技术来监测干燥过程中水分状态变化，从而获得良好的产品品质。这一技术已被广泛应用于液态物料干燥、冷冻、和发酵过程中。

本章以蜂蜜为研究对象，对蜂蜜干燥过程中水分迁移规律进行研究。利用核磁共振（LF-NMR）和核磁共振成像（MRI）技术研究蜂蜜干燥过程中水分状态和水分分布的变化。采用扫描电镜研究不同超声声能密度对蜂蜜微观结构的影响，为超声真空干燥的理论研究及应用提供参考。

3.2.1　超声声能密度对 T_2 反演谱总信号幅值的影响

固定超声频率 28kHz，真空度 -0.09MPa，干燥温度为 50℃，选择超声声能密度为 0、0.4W/g、0.8W/g、1.2W/g、1.6W/g，进行超声真空干燥试验，干燥过程中每 20min，快速取样并称取 2g 样品置于圆柱形玻璃管中，放入永磁体中心的射频线圈中心，利用多脉冲回波序列采集样品的自旋-自旋弛豫时间 T_2，每次试验重复测定 3 次。低场核磁共振分析仪的温度为 (32 ± 0.05)℃，T_2 实验的主要参数为：偏移频率 $O_1=304687.60$Hz；90 度脉冲时间 $P_1=13\mu s$；180 度脉冲时间 $P_2=26\mu s$；采样点数 TD$=90020$；采样频率 SW$=200$kHz；模拟增益 NG1$=20$；累加次数 NS$=32$；回波个数 NECH$=3000$。

将样品置于永磁体中心的射频线圈中心，利用多层自旋回波序列获得 H^+ 质子密度图像。核磁共振成像试验参数：层厚 $=2.6$mm，层间隙 $=2.0$mm，层数 $=4$，读数大小 $=256$，相位大小 $=192$，回波时间 TE$=5.890$ms，重复时间 TR$=3000$ms。

不同声能密度下蜂蜜干燥过程中的 T_2 弛豫时间反演谱如图 3-11 中的 (a)～(e) 所示。

由图 3-11 可以看出，新鲜蜂蜜的横向弛豫时间 T_2 反演谱出现三个波峰，在干燥后期，三个波峰减小为一个波峰，三个波峰分别代表三种水分状态，即为结合水、不易流动水和自由水，对应的横向弛豫时间范围分别为 $T_{21}(0.01\sim1.0$ms)、$T_{22}(1.0\sim30$ms)、$T_{23}(30\sim1000$ms)。参考前人研究，结合水是紧密依附在大分子表面极性基团上的水分；不易流动水是附着于胶体表面的水分；自由水是食品中结合最不牢固、最容易流动的水。图中 T_{22} 信号幅值占总信号幅值的 90% 以上，表明不易流动水是蜂蜜的主要水分状态。峰面积 A_{21}、A_{22} 和 A_{23} 代表弛豫时间内三种水分状态对应的信号幅值总和，其代表结合水、不易流动水和自由水的含量。根据不同的弛豫时间 T_2 计算不同的

峰面积 A，获得新鲜蜂蜜的结合水、不易流动水和自由水的比例分别为 2.14%、96.47% 和 1.39%。

如图 3-11 所示，结合水、不易流动水和自由水在干燥过程中表现出相似的变化形态，反演图谱向左迁移，信号幅值减小，弛豫时间 T_2 缩短。干燥前期先去除自由水，超声声能密度越大，自由水脱除得越快，T_{23} 信号幅值减少得越多，说明超声声能密度的增加，其空化效应和机械效应增强，使样

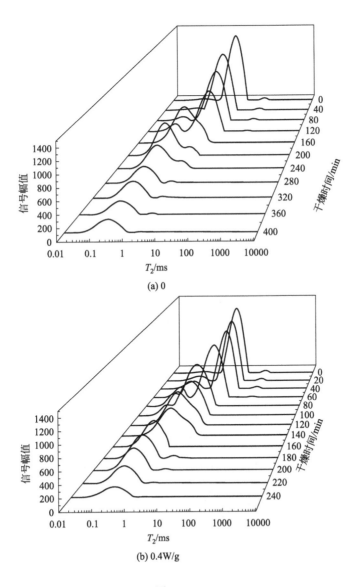

(a) 0

(b) 0.4W/g

图 3-11

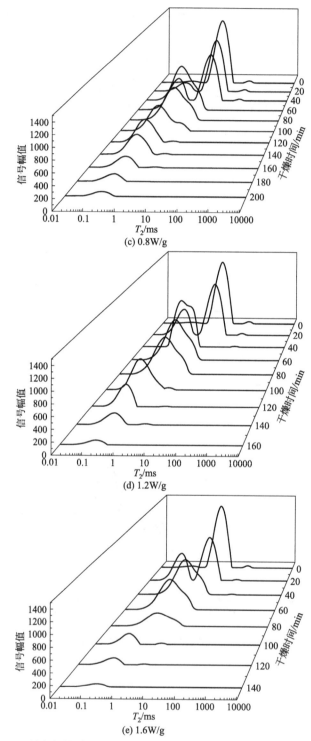

图 3-11 不同声能密度下蜂蜜干燥过程中的 T_2 弛豫时间反演谱

品内部产生更多的微细孔洞，因此有利于自由水分的快速迁移。随着干燥的进行，主要以脱除不易流动水为主，在超声声能密度为 0、0.4W/g、0.8W/g、1.2W/g 和 1.6W/g 的条件下，干燥时间分别在 160min、120min、60min、40min 和 20min 时结合水的和不易流动水的峰合并在一起。T_{22} 的信号幅值逐渐减小，不易流动水的脱除速率随超声声能密度的增加而加快。在干燥后期，T_{21} 的信号幅值也逐渐减少，仅剩余少量的结合水，这是由于超声波在传播过程中所产生的高频振动，加快了不易流动水的迁移与去除，并破坏结合水与物料内部间的作用力，致使 T_{22} 和 T_{23} 信号幅值减少。Lv 等研究了微波真空干燥玉米，发现自由水和不易流动水的含量在干燥初期迅速下降，而结合水在干燥后期下降较快，大部分残余的水分是结合水。

3.2.2　超声声能密度对水分迁移变化的影响

不同超声声能密度对干燥过程中弛豫时间 T_2 和峰面积 A 的影响，如表 3-5 至表 3-9 所示。

表 3-5　蜂蜜在干燥过程中 NMR 参数值的变化　(0W/g)

干燥时间/min	T_{21}/ms	T_{22}/ms	T_{23}/ms	A_{21}	A_{22}	A_{23}
0	0.247±0.01[h]	4.642±0.16[a]	88.498±0.13[a]	336.40±4.07[j]	15181.40±13.25[a]	218.44±10.44[a]
40	0.253±0.01[h]	2.751±0.07[c]	85.485±0.02[b]	452.69±11.35[i]	14406.96±19.13[b]	152.90±9.40[b]
80	0.288±0.01[f]	2.286±0.09[de]	84.010±1.89[c]	627.31±6.64[h]	13095.91±30.76[c]	118.80±5.94[c]
120	0.356±0.00[e]	2.149±0.04[f]	83.646±0.87[cd]	1160.20±15.55[g]	10539.67±64.19[d]	41.61±3.12[d]
160	0.657±0.00[b]	2.009±0.07[g]	—	7656.56±43.27[b]	2804.65±23.05[e]	—
200	0.497±0.02[d]	2.154±0.01[f]	—	8349.79±51.42[a]	1259.82±55.59[f]	—
240	0.274±0.01[g]	2.235±0.10[ef]	—	6229.92±47.97[c]	507.31±11.35[g]	—
280	0.244±0.09[h]	2.227±0.12[ef]	—	3703.99±65.44[d]	175.90±37.70[h]	—
320	0.220±0.01[i]	2.516±0.14[d]	—	3593.59±45.39[d]	137.32±9.40[h]	—
360	0.225±0.00[i]	2.370±0.11[de]	—	2859.02±17.29[e]	93.61±5.94[i]	—
400	0.210±0.00[j]	2.428±0.01[d]	—	2634.59±27.37[f]	52.06±1.26[j]	—

注：数据肩标字母不同者代表差异显著（$P < 0.05$）。

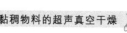

表 3-6　蜂蜜在干燥过程中 NMR 参数值的变化（0.4W/g）

干燥时间/min	T_{21}/ms	T_{22}/ms	T_{23}/ms	A_{21}	A_{22}	A_{23}
0	0.247±0.01[e]	5.336±0.14[a]	86.975±0.48[a]	332.40±7.69[k]	14887.50±21.85[a]	216.05±17.37[a]
20	0.259±0.01[d]	5.159±0.20[a]	84.528±1.08[a]	1009.19±9.86[j]	13663.26±19.13[b]	196.59±4.25[a]
40	0.269±0.01[cd]	5.027±0.07[b]	80.582±1.24[b]	1704.99±14.84[i]	10904.19±60.76[c]	185.67±6.48[b]
60	0.278±0.00[cd]	4.145±0.06[c]	78.527±0.01[c]	3418.71±35.62[g]	10038.60±64.19[d]	60.59±5.74[c]
80	0.285±0.01[c]	3.259±0.07[d]	—	4962.53±13.64[e]	7601.90±23.61[e]	—
100	0.309±0.00[b]	3.024±0.09[e]	—	6992.05±43.27[b]	4659.20±43.27[f]	—
120	0.572±0.02[a]	2.656±0.05[f]	—	7418.63±14.80[a]	3831.95±44.75[g]	—
140	0.597±0.02[a]	2.300±0.10[h]	—	5934.91±40.68[c]	642.37±55.59[h]	—
160	0.327±0.02[b]	2.458±0.09[gh]	—	5871.25±32.98[c]	530.67±60.28[h]	—
180	0.284±0.01[c]	2.574±0.08[f]	—	5185.59±10.49[d]	271.20±35.39[i]	—
200	0.234±0.01[e]	2.452±0.05[g]	—	4815.19±35.39[e]	168.96±28.81[j]	—
220	0.227±0.00[e]	2.458±0.00[g]	—	3703.99±18.79[f]	103.56±13.21[k]	—
240	0.215±0.01[e]	2.450±0.01[g]	—	2107.67±22.64[h]	38.63±7.22[l]	—

注：数据肩标字母不同代表差异显著（$P<0.05$）。

表 3-7　蜂蜜在干燥过程中 NMR 参数值的变化（0.8W/g）

干燥时间/min	T_{21}/ms	T_{22}/ms	T_{23}/ms	A_{21}	A_{22}	A_{23}
0	0.241±0.01[e]	5.337±0.14[a]	86.490±0.09[a]	341.71±8.74[j]	15277.40±11.85[a]	212.74±9.19[a]
20	0.257±0.02[e]	5.074±0.22[ab]	80.136±1.68[g]	2018.38±13.30[g]	12145.12±23.74[b]	174.75±7.02[b]
40	0.281±0.01[de]	4.826±0.18[b]	76.325±0.07[c]	4045.96±44.76[e]	7626.98±31.18[c]	72.00±10.65[c]
60	0.437±0.01[b]	3.690±0.14[c]	—	7809.68±51.43[a]	3695.27±45.66[d]	—
80	0.513±0.02[a]	3.053±0.04[d]	—	7693.23±66.12[a]	1630.40±36.86[e]	—
100	0.528±0.03[a]	1.748±0.05[h]	—	6815.19±55.44[b]	1418.37±46.02[f]	—
120	0.463±0.02[b]	2.009±0.09[g]	—	5568.56±30.17[c]	134.21±25.79[g]	—
140	0.394±0.01[c]	2.310±0.11[f]	—	4656.41±63.70[d]	125.26±14.24[g]	—
160	0.286±0.00[d]	2.656±0.12[e]	—	2190.61±22.76[f]	89.47±13.78[h]	—
180	0.203±0.02[f]	2.649±0.01[e]	—	1309.31±16.57[h]	8.02±3.87[i]	—
200	0.187±0.01[f]	2.642±0.00[e]	—	750.30±22.19[i]	6.98±1.86[i]	—

注：数据肩标字母不同代表差异显著（$P<0.05$）。

表 3-8　蜂蜜在干燥过程中 NMR 参数值的变化 （1.2W/g）

干燥时间/min	T_{21} /ms	T_{22} /ms	T_{23} /ms	A_{21}	A_{22}	A_{23}
0	0.247 ± 0.01^d	5.220 ± 0.15^a	86.749 ± 0.08^a	327.69 ± 9.78^h	14909.72 ± 34.98^a	207.88 ± 10.11^a
20	0.257 ± 0.00^d	4.687 ± 0.11^b	78.547 ± 3.27^b	4055.15 ± 33.68^d	8214.11 ± 31.19^b	150.49 ± 8.74^b
40	0.315 ± 0.01^c	3.511 ± 0.17^c	66.891 ± 1.04^c	4964.71 ± 50.63^c	5702.09 ± 41.84^c	70.57 ± 10.05^c
60	0.408 ± 0.02^b	3.054 ± 0.14^d	—	6691.56 ± 47.52^a	3630.73 ± 56.37^d	—
80	0.456 ± 0.01^a	2.656 ± 0.08^e	—	5620.05 ± 43.35^b	2816.21 ± 55.25^e	—
100	0.217 ± 0.01^e	1.975 ± 0.13^{de}	—	5688.78 ± 38.23^b	351.63 ± 28.15^f	—
120	0.176 ± 0.00^f	1.786 ± 0.09^e	—	3858.74 ± 63.94^e	89.47 ± 18.73^g	—
140	0.170 ± 0.01^{fg}	1.694 ± 0.11^e	—	2122.27 ± 34.02^f	65.59 ± 10.68^g	—
160	0.163 ± 0.00^g	1.416 ± 0.09^f	—	710.62 ± 9.15^g	8.02 ± 2.12^h	—

注：数据肩标字母不同代表差异显著 （$P<0.05$）。

表 3-9　蜂蜜在干燥过程中 NMR 参数值的变化 （1.6W/g）

干燥时间/min	T_{21} /ms	T_{22} /ms	T_{23} /ms	A_{21} /g^{-1}	A_{22} /g^{-1}	A_{23} /g^{-1}
0	0.248 ± 0.01^e	5.103 ± 0.15^a	86.975 ± 0.13^a	344.77 ± 5.58^h	15225.03 ± 11.55^a	220.00 ± 5.33^a
20	0.285 ± 0.01^d	4.642 ± 0.18^b	75.646 ± 2.89^b	5357.91 ± 30.63^a	7047.44 ± 18.63^b	138.15 ± 10.52^b
40	0.572 ± 0.02^a	3.054 ± 0.04^c	65.793 ± 1.92^c	7620.05 ± 37.55^a	3116.21 ± 34.66^c	62.85 ± 3.77^c
60	0.498 ± 0.02^b	2.310 ± 0.06^e	—	6183.38 ± 23.64^b	3430.17 ± 52.20^d	—
80	0.433 ± 0.02^c	2.009 ± 0.09^f	—	3078.59 ± 39.90^d	1470.07 ± 46.65^e	—
100	0.163 ± 0.00^f	1.826 ± 0.10^{de}	—	1929.37 ± 44.19^e	138.15 ± 15.89^f	—
120	0.142 ± 0.00^g	1.525 ± 0.12^d	—	1093.26 ± 20.77^f	62.85 ± 12.02^g	—
140	0.123 ± 0.01^h	1.337 ± 0.11^{de}	—	497.13 ± 15.82^g	15.87 ± 4.03^h	—

注：数据肩标字母不同代表差异显著 （$P<0.05$）。

由表 3-5 至表 3-9 可以看出，自由水 T_{23} 整体呈下降趋势，超声声能密度由 0 升至 1.6W/g，完全脱除自由水的时间由 120min 缩短至 40min，自由水的峰面积 A_{23} 消失。新鲜蜂蜜中存在较多的不易流动水，超声声能密度为 0；弛豫时间 T_{22} 从 5.3ms 减少到 2.5ms；超声声能密度为 0.8W/g，弛豫时间 T_{22} 从 5.3ms 减少到 2.6ms；超声声能密度为 1.2W/g，弛豫时间 T_{22} 从 5.2ms 减少到 1.4ms；超声声能密度为 1.6W/g，弛豫时间 T_{22} 从 5.1ms 减少到 1.3ms。在不同的超声声能密度下，随着干燥时间的延长，A_{22} 呈现持续减少的趋势，A_{22} 的变化趋势与干燥特性曲线中的图 3-4 相似，说明不易流动水的含量变化会影响干燥结果。这与徐建国等研究的莲子薄层热风干燥过程中不易流动水 A_{22} 的变化类似。在每次干燥过程中，T_{21} 的变化范围不大，这意味着结合水由于流动性低而难以去除。随着干燥时间的延长，A_{21} 先增加，是因为不易流动水开始向结合水的方向迁移，然后 A_{21} 再逐渐减少，干燥后期，只有少量的结合水残留，且超声声能密度越大，结合水的峰面积就越小，这是由于超声波破坏了大分子间的键合作用，降低了液体的黏度，增加了水分蒸发面积，同时，将超声能量转化为热能，提高了水分的迁移速率，随着超声声能密度的增加，样品内部吸收的能量越多，超声的机械效应和空化效应也相应增强，造成样品产生更多的微细孔洞，从而加快水分的扩散。

3.2.3 蜂蜜 T_2 反演谱总信号幅值与干基含水率的关系

在不同超声声能密度下蜂蜜的干基含水率与总信号幅值的关系如图 3-12 所示。

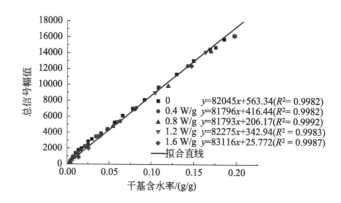

图 3-12 不同超声声能密度下蜂蜜的干基含水率与总信号幅值的关系

随着含水率的增加蜂蜜的总信号幅值增大，总信号幅值与干基含水率呈线性关系（$R^2 > 0.99$），其置信水平低于 $a < 0.01$。因此，可根据测得的总信号幅值，通过线性方程可以方便地计算蜂蜜的干基含水率。

3.2.4 蜂蜜干燥过程中的核磁共振成像（MRI）

不同超声声能密度下蜂蜜的核共振图像如图 3-13 所示。

由图 3-13 可以看出，不同超声声能密度下蜂蜜超声真空干燥的 H^+ 质子密度

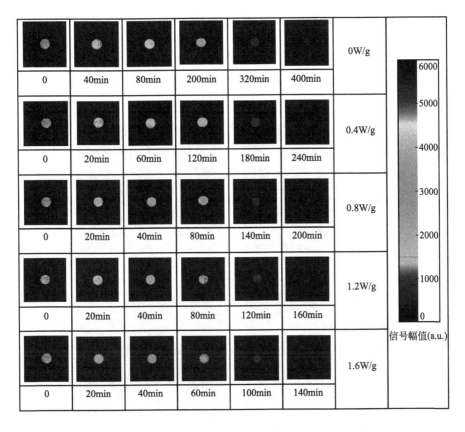

图 3-13　不同超声声能密度下蜂蜜的 MRI 图像

图像。随着干燥时间的延长，蜂蜜 H$^+$ 质子密度图像的亮度降低，表明蜂蜜的水分含量逐渐降低。红度值越大表示 H$^+$ 质子越多，其相应含水率也越多，相反，红度值减少，蓝度值增多，表明 H$^+$ 质子越少，含水率越少。从图中可以看出，新鲜蜂蜜的水分分布较为均匀，随着干燥过程的进行，红度值逐渐减少，蓝度值增多，图像的亮度也逐渐降低，这一现象与祝树森研究胡萝卜热泵干燥过程中 H$^+$ 质子密度图像的变化相似。超声声能密度越大，红度值下降得越快，说明超声波的作用能促进样品内部的水分迁移。随着干燥时间的延长，部分自由水和结合水被去除，水分在样品中的分布变得不均匀，图像变得不清晰。超声声能密度分别为 0、0.4W/g、0.8W/g、1.2W/g 和 1.6W/g 时，在 320min、180min、140min、120min 和 100min 的干燥时间内，信号强度明显减弱。干燥最后阶段，由于较低的水分含量导致 MRI 图像无法清晰呈现，在干燥时间为 140min 时，已观察不到 1.6W/g 声能密度下样品的 MRI 图。

3.2.5 蜂蜜超声真空干燥的微观结构

采用离子溅射技术对样品进行喷金处理后，置于电子显微镜下，并设置电镜放大倍数 400 倍，不同超声声能密度对蜂蜜的表面微观结构如图 3-14 所示。

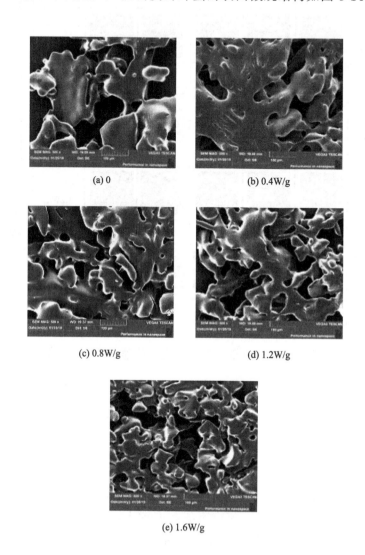

(a) 0

(b) 0.4W/g

(c) 0.8W/g

(d) 1.2W/g

(e) 1.6W/g

图 3-14 不同超声声能密度下蜂蜜干燥产品
组织结构的扫描电镜

由图 3-14 可知，真空干燥下的蜂蜜表面光滑，没有孔洞出现，致使增加水分扩散阻力，不利于样品内部水分的迁移。随着超声声能密度的增加，在 0.4

W/g 和 0.8W/g 时，样品表面出现大小为 20μm 左右的孔洞，但是孔洞较少，说明较低的超声声能密度不足以改变样品的组织结构，对于样品的内部水分迁移没有积极作用。当超声声能密度为 1.2W/g 时，样品表面孔洞数量明显增多，样品组织间隙增大。当超声声能密度为 1.6W/g 时，样品表面结构疏松，颗粒较小且分布较为均匀，说明超声声能密度的提高，超声的空化效应和机械效应对样品的影响越明显，减少样品水分扩散阻力，有效提高水分迁移速率。孙卓等发现经过超声处理后，蛋清粉颗粒较小且分散均匀。

　　研究结果表明，蜂蜜干燥过程中最先脱除的是自由水，真空干燥完全脱除自由水的时间为 120min，而在超声声能密度 1.6W/g 时，完全脱除自由水的时间缩短至 40min，说明超声声能密度的提高有利于加快自由水的向外迁移。不易流动水是蜂蜜的特征水分，其含量最多，在干燥过程中整体呈下降趋势，超声声能密度的增大，提高了水分流动性，从而有利于不易流动水向结合水的迁移与去除。结合水的变化呈现先上升后下降的趋势，在干燥最后阶段，部分结合水残留，超声声能密度越大，结合水残留得越少。MRI 图像的结果表明，在蜂蜜干燥过程中，随着含水率的不断减小，样品的亮度和含水区域不断变暗、减小，整个脱水过程所需的时间随着超声声能密度的增大而缩短，表明超声声能密度越大，超声波的强化效应越强，从而加快水分迁移。扫描电镜结果发现，超声声能密度的提高，导致物料组织间隙增大，微细孔洞明显增多，从而有利于水分的迁移。

3.3　全蛋液超声真空干燥特性

　　真空度控制在 −0.09MPa，选取干燥温度、超声声能密度、超声作用时间为试验因素，分别进行单因素试验。固定超声声能密度为 2.0W/g，超声作用时间为 3h，选取干燥温度为 30℃、40℃、50℃、60℃、70℃、80℃，研究干燥温度对干燥特性的影响；固定干燥温度为 50℃，超声作用时间为 3h，选取超声声能密度为 0、0.4W/g、0.8W/g、1.2W/g、1.6W/g、2.0W/g，研究超声声能密度对干燥特性的影响；固定干燥温度为 50℃，超声声能密度为 2.0W/g，选取超声作用时间为 0.5h、1h、1.5h、2h、2.5h、3h，研究超声作用时间对干燥特性的影响。干燥过程中每隔 20min，快速取出样品称其质量，并快速放回，直至含水率（干基）小于 0.1g/g，干燥结束。

3.3.1 温度对全蛋液超声真空干燥特性的影响

在超声声能密度为 2.0W/g，超声作用时间为 3h，设定干燥温度为 30℃、40℃、50℃、60℃、70℃、80℃，不同温度下的全蛋液干燥曲线及干燥速率曲线如图 3-15、图 3-16 所示。

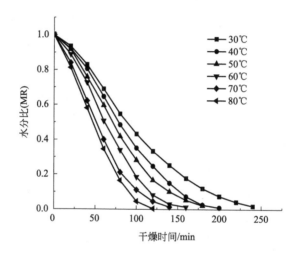

图 3-15　不同温度下全蛋液的干燥曲线

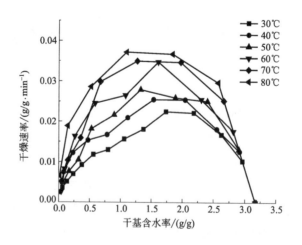

图 3-16　不同温度下全蛋液的干燥速率曲线

由图 3-15、图 3-16 可知，与 30℃ 的干燥时间 240min 相比，40℃、50℃、60℃、70℃、80℃ 的干燥时间约降至 200min、180min、160min、140min、120min，分别缩短了 16.7%、25%、33.3%、41.7%、50%。与 30℃ 的平均干燥速率 0.01194g/(g/min) 相比，干燥速率为 0.01425g/(g/min)、0.01548g/(g/min)、0.01735g/(g/min)、0.01951g/(g/min)、0.02251g/(g/min)，分别提高了 19.3%、29.6%、45.3%、63.4%、88.5%。这是由于温度越高，物料内部水分传递能力越强，蒸发量越大，越有利于干燥过程进行。但是温度过高，干燥产品品质下降，因此，本章在后续研究中固定温度为 50℃。

3.3.2 温度对蛋粉微观结构的影响

采用扫描电子显微镜对干燥后的全蛋粉进行微观结构观察，将样品固定于直径 1cm 的导电台上，采用离子溅射技术进行喷金处理，在放大倍数为 5000 倍时，置于电子显微镜下进行观察不同温度下全蛋粉组织结构的变化，如图 3-17 所示。

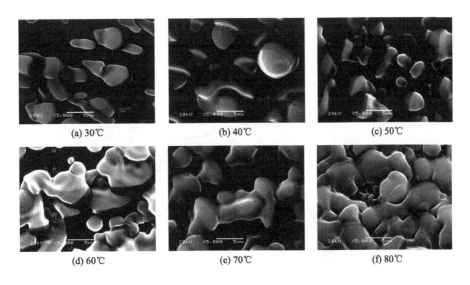

图 3-17 不同温度下全蛋粉组织结构的扫描电镜图

由图 3-17 可知，当干燥温度小于 50℃ 时，蛋粉颗粒较分散，随着干燥温度的继续升高，蛋粉颗粒之间发生连结，容易板结，不易粉碎，综合干燥速率及产品品质，选择后续试验温度为 50℃。

3.3.3 超声声能密度对全蛋液超声真空干燥特性的影响

在干燥温度为50℃，超声作用时间为3h，设定超声声能密度为：0、0.4W/g、0.8W/g、1.2W/g、1.6W/g、2.0W/g，不同声能密度下物料干燥曲线及干燥速率曲线如图3-18、图3-19所示：

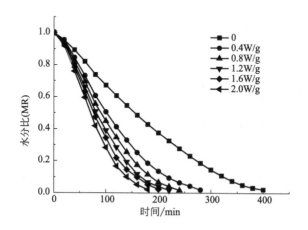

图 3-18　不同声能密度下全蛋液的干燥曲线

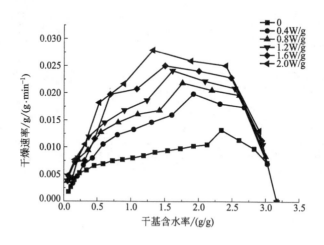

图 3-19　不同声能密度下全蛋液的干燥速率曲线

由图3-18、图3-19可知，无超声作用时干燥时间约为400min，平均干燥速率为0.00737g/(g·min)。加入超声作用且声能密度分别为0.4W/g、0.8W/g、

1.2W/g、1.6W/g、2.0W/g 时，干燥时间约为 280min、240min、220min、200min、180min，平均干燥速率约为 0.01035g/(g·min)、0.01198g/(g·min)、0.01297g/(g·min)、0.01405g/(g·min)、0.01548g/(g·min)，与无超声作用相比，干燥时间分别缩短了 30%、40%、45%、50%、55%，平均干燥速率分别提高了 40.4%、62.6%、76.0%、90.6%、110.0%。

由此可见，超声波作用可显著提高干燥速率及缩短干燥时间，这是超声波在液体介质中传播时，其机械效应、空化效应及热效应的结果。其机械效应可产生强大的剪切力，其空化效应可产生瞬时的高温、高压，且空化泡的塌陷产生强大的冲击波，在固液界面产生微射流及声冲击，这两种效应产生强大的破坏力，破坏蛋液的胶团结构，使孔隙率增大，增强空隙结构的连通性，水分扩散阻力降低。同时超声作用会破坏大分子之间键合作用，使液体黏度降低、流动性增加，加速水分蒸发，强化干燥过程。此外，液体介质将超声波能量转变成热能，升高自身温度，从而提高了水分迁移速率，同时随着超声声能密度的增大，物料内部的能量逐渐增多，增强了超声机械效应及空化效应，形成了更大的破坏力，产生了更多的微细孔道，从而增强了水分扩散速率。

图 3-19 还可以看出，在干燥后期，干燥速率曲线之间的距离越来越小。一方面是由于物料含水率不断降低，内部水分扩散阻力显著增大，另一方面，超声波在物料中传播的衰减系数会随着物料干基含水率的降低而增大，其机械效应和空化效应随之减弱，超声强化效果不明显。

3.3.4　超声声能密度对全蛋粉微观结构的影响

不同声能密度下全蛋粉组织结构的变化，如图 3-20 所示。

由图 3-20 可知，无超声作用时，全蛋粉结构较为致密，但同时也存在一定的组织间隙。当超声声能密度为 0.4W/g 及 0.8W/g 时，蛋粉组织结构变化不明显，这是由于较低的超声声能密度作用效果较差。当超声声能密度为 1.2W/g 及 1.6W/g 时，由于超声机械效应及空化效应，蛋粉组织间隙增大，结构较为疏松。当超声声能密度为 2.0W/g 时，全蛋粉组织结构疏松，颗粒较小且均匀分布，是由于超声的机械效应及空化效应使液体中的固体表面受到急剧破坏，细胞破碎，且超声在液体中作用时，能够到达物料的各个部分，从而使其更均匀。

3.3.5　超声时间对全蛋液超声真空干燥特性的影响

在干燥温度为 50℃，超声声能密度为 2.0W/g，设定超声作用时间为：

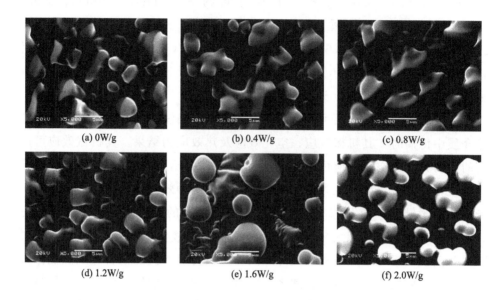

(a) 0W/g　　　　　　(b) 0.4W/g　　　　　　(c) 0.8W/g

(d) 1.2W/g　　　　　　(e) 1.6W/g　　　　　　(f) 2.0W/g

图 3-20　不同声能密度下全蛋粉组织结构的扫描电镜图

0.5h、1.0h、1.5h、2.0h、2.5h、3h。不同超声波作用时间下物料干燥曲线及干燥速率曲线如图 3-21、图 3-22 所示。

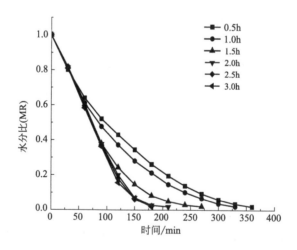

图 3-21　不同超声作用时间下全蛋液的干燥曲线

由图 3-21、图 3-22 可知，与无超声作用（干燥时间为 400min，）相比，超声作用时间为 0.5h、1.0h、1.5h、2.0h、2.5h、3h 时，干燥时间约为 360min、

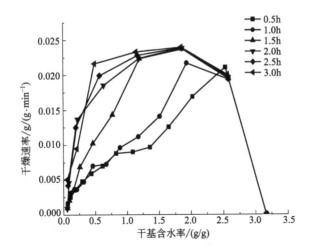

图 3-22　不同超声作用时间下全蛋液的干燥速率曲线

330min、270min、210min、180min、120min，分别缩短了 10%、17.5%、32.5%、47.5%、55%、55%。超声作用时间在 0～3h 间，每增加 0.5h，干燥速率分别增加了 8.0%、8.8%、23.6%、35.3%、24.3%、10%。

由此可知，超声波作用时间在 0～1h，超声波强化效果未能充分发挥，干燥速率增加缓慢，而当超声作用时间达到 2.5h 时，继续延长超声波处理时间，干燥速率的增加也不明显，这主要是因为超声波的空化效应只能发生在液体中，而在固体中的特征阻抗较大，衰减系数大，随着物料含水率的降低，超声波在物料传播过程中衰减增大，强化效果降低。因此，超声作用时间也不宜过长。

3.3.6　超声时间对全蛋粉微观结构的影响

不同超声作用时间下全蛋粉组织结构的变化，如图 3-23 所示。

当超声作用时间为 0.5h[图 3-23(a)] 时，蛋粉组织结构与无超声作用相比，变化不明显。当超声作用时间为 1～1.5h[图 3-23(b)、(c)] 时，全蛋粉组织结构中产生新的微细孔道，连通性增强，这是超声机械作用及空化作用的结果，同时，干燥过程中也可以发现，在无超声及超声作用时间较短时蛋液表面出现硬化、"结皮"现象，不仅阻碍内部水分的蒸发，而且使蛋粉结构致密。

当进一步增加超声作用时间为 2～3h 时，到达物料的超声能量增多，其机械效应随之增强，在强大的剪切力下，物料组织间隙反复拉伸、断裂，此外，空化

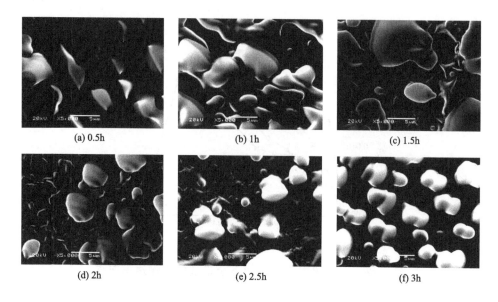

图 3-23　不同超声作用时间下全蛋粉组织结构的扫描电镜图

泡的不断崩溃使液体流动性增强，表面硬化及"结皮"现象逐渐减弱，从而加速内部水分的迁移速率，提高干燥速率。同时，干燥产品质地疏松，易于与容器分离，利于粉碎及后期加工。

3.3.7　全蛋液超声真空干燥动力学模型

（1）干燥模型的选择　当干燥温度为 50℃、超声作用时间为 3h，不同超声声能密度时，分别对表 3-1 中的 9 种数学模型进行拟合、求解，得到不同声能密度下各干燥模型的干燥常数和 R^2、均方根误差 e_{RMSE} 及残差平方和 χ^2，见表 3-10。

表 3-10　不同声能密度时各干燥模型的统计参数和系数

序号	W/g	干燥常数	R^2	χ^2	e_{RMSE}
1	0	$k=0.00524$	0.95262	0.00494	0.06859
	0.4	$k=0.00801$	0.94969	0.00593	0.07440
	0.8	$k=0.00908$	0.94123	0.00728	0.08199
	1.2	$k=0.10060$	0.93991	0.00766	0.08381
	1.6	$k=0.01079$	0.93854	0.00794	0.08494
	2.0	$k=0.01187$	0.93389	0.00886	0.08927

续表

序号	W/g	干燥常数	R^2	χ^2	e_{RMSE}
2	0	$k=0.00043$　$n=1.47196$	0.99578	0.00044	0.01995
	0.4	$k=0.00046$　$n=1.55428$	0.99944	0.00006	0.00758
	0.8	$k=0.00046$　$n=1.62360$	0.99903	0.00012	0.01008
	1.2	$k=0.00048$　$n=1.65134$	0.99944	0.00007	0.00771
	1.6	$k=0.00049$　$n=1.67431$	0.99975	0.00003	0.00516
	2.0	$k=0.00053$　$n=1.72167$	0.99974	0.00004	0.00531
3	0	$k=0.00582$　$a=1.10695$	0.96616	0.00353	0.05650
	0.4	$k=0.00894$　$a=1.11929$	0.96497	0.00413	0.05982
	0.8	$k=0.01015$　$a=1.12024$	0.95602	0.00545	0.06791
	1.2	$k=0.01119$　$a=1.11727$	0.95319	0.00597	0.07052
	1.6	$k=0.01198$　$a=1.11483$	0.95107	0.00632	0.07190
	2.0	$k=0.01314$　$a=1.11227$	0.94465	0.00741	0.07701
4	0	$k=0.00263$　$a=1.60536$　$c=-0.56933$	0.99774	0.00024	0.01423
	0.4	$k=0.00493$　$a=1.44074$　$c=-0.37747$	0.99131	0.00102	0.02862
	0.8	$k=0.00493$　$a=1.56344$　$c=-0.50299$	0.99008	0.00123	0.03076
	1.2	$k=0.00553$　$a=1.54688$　$c=-0.48654$	0.98763	0.00158	0.03440
	1.6	$k=0.00589$　$a=1.55982$　$c=-0.49876$	0.98448	0.00200	0.03817
	2.0	$k=0.00598$　$a=1.6422$　$c=-0.58429$	0.98314	0.00226	0.03976
5	0	$a=0.55347$　$k_0=0.00582$　$k_1=0.00582$　$b=0.55347$	0.96218	0.00394	0.05650
	0.4	$a=0.55964$　$k_0=0.00894$　$k_1=0.00894$　$b=0.55964$	0.95860	0.00488	0.05982
	0.8	$a=0.56010$　$k_0=0.01014$　$k_1=0.01014$　$b=0.56010$	0.94625	0.00666	0.06791
	1.2	$a=0.55860$　$k_0=0.01119$　$k_1=0.01119$　$b=0.55860$	0.94149	0.00746	0.07052
	1.6	$a=0.55739$　$k_0=0.01198$　$k_1=0.01198$　$b=0.55740$	0.93709	0.00812	0.07190
	2.0	$a=0.55610$　$k_0=0.01314$　$k_1=0.01314$　$b=0.55611$	0.92620	0.00988	0.07701
6	0	$k=0.00819$　$a=1.97294$	0.99164	0.00087	0.02809
	0.4	$k=0.01298$　$a=2.05790$	0.99687	0.00037	0.01789
	0.8	$k=0.01496$　$a=2.09190$	0.99467	0.00066	0.02363
	1.2	$k=0.01663$　$a=2.10554$	0.99462	0.00067	0.02391
	1.6	$k=0.01803$　$a=2.12055$	0.99549	0.00058	0.02183
	2.0	$k=0.01997$　$a=2.13874$	0.99377	0.00083	0.02583
7	0	$b=0.000003$　$a=-0.00368$	0.99739	0.00027	0.01569
	0.4	$b=0.000007$　$a=-0.00575$	0.99034	0.00114	0.03141
	0.8	$b=0.000008$　$a=-0.00636$	0.98880	0.00139	0.03427
	1.2	$b=0.000011$　$a=-0.00707$	0.98714	0.00164	0.03697
	1.6	$b=0.000013$　$a=-0.00761$	0.98414	0.00205	0.04093
	2.0	$b=0.000014$　$a=-0.00825$	0.98315	0.00226	0.04250

续表

序号	W/g	干燥常数	R^2	χ^2	e_{RMSE}
8	0	$a=1.10715$ $c=0.03132$ $L=2.31991$	0.96428	0.00372	0.05650
	0.4	$a=1.11951$ $c=0.04443$ $L=2.22866$	0.96205	0.00447	0.05982
	0.8	$a=1.12045$ $c=0.05117$ $L=2.24527$	0.95163	0.00600	0.06791
	1.2	$a=1.11747$ $c=0.05566$ $L=2.22988$	0.94799	0.00663	0.07052
	1.6	$a=1.11503$ $c=0.05912$ $L=2.22051$	0.94495	0.00711	0.07190
	2.0	$a=1.11245$ $c=0.06360$ $L=2.19955$	0.93675	0.00847	0.07701
9	0	$n=1.47979$ $c=0.03775$ $L=4.60958$	0.99556	0.00046	0.01992
	0.4	$n=1.55571$ $c=0.04770$ $L=4.26020$	0.99939	0.00007	0.00757
	0.8	$n=1.62665$ $c=0.04502$ $L=4.10115$	0.99894	0.00014	0.01008
	1.2	$n=1.65400$ $c=0.04766$ $L=4.03419$	0.99938	0.00080	0.00770
	1.6	$n=1.67450$ $c=0.04464$ $L=3.85284$	0.99972	0.00004	0.00516
	2.0	$n=1.72333$ $c=0.05206$ $L=3.94681$	0.99970	0.00004	0.00531

通过比较相关系数 R^2、均方根误差 e_{RMSE} 和残差平方和 χ^2 的大小来确定最优的干燥模型。

从表 3-10 可以看出，Page 模型的相关系数 R^2 最高，均方根误差 e_{RMSE} 和残差平方和 χ^2 较小，拟合程度最好，对本章其他干燥试验数据进行拟合分析的结果也显示 Page 模型的拟合效果最好，因此，该模型能很好地描述全蛋液超声真空干燥过程。

（2）模型建立（参数回归） 采用 Page 方程对不同干燥条件下的试验数据进行拟合，得到相应的参数值 k 和 n，如表 3-11 所示。

表 3-11 不同干燥条件下的模型参数值

干燥温度 $T/℃$	声能密度 $\rho/(W/g)$	作用时间 t/h	Page 模型		
			k	n	R^2
50	2.0	0.5	0.0043	1.11615	0.99538
50	2.0	1	0.00421	1.14647	0.99840
50	2.0	1.5	0.00163	1.41215	0.99951
50	2.0	2	7.58584×10^{-4}	1.60371	0.99777
50	2.0	2.5	6.80898×10^{-4}	1.63406	0.99705
50	2.0	3	5.28588×10^{-4}	1.72167	0.99974

续表

干燥温度 $T/℃$	声能密度 $\rho/(W/g)$	作用时间 t/h	Page 模型		
			k	n	R^2
50	0	3	$4.27410×10^{-4}$	1.47196	0.99878
50	0.4	3	$4.62059×10^{-4}$	1.55428	0.99944
50	0.8	3	$4.63149×10^{-4}$	1.62360	0.99903
50	1.2	3	$4.78331×10^{-4}$	1.65134	0.99944
50	1.6	3	$4.87853×10^{-4}$	1.67431	0.99975
30	2.0	3	$5.35169×10{-4}$	1.59624	0.99945
40	2.0	3	$3.27047×10^{-4}$	1.75711	0.99848
60	2.0	3	$4.26286×10^{-4}$	1.79895	0.99848
70	2.0	3	0.00112	1.64484	0.99933
80	2.0	3	0.0011	1.69066	0.99688

由表 3-11 可知，随着干燥温度（T）升高，k 值逐渐减小，n 值先增大后减小；随着声能密度（ρ）增大，k 和 n 值逐渐增大；随着超声作用时间（t）增加，k 值逐渐减小，n 值逐渐增大。因此干燥常数 k 和 n 是关于 T、ρ 和 t 的函数。

根据试验数据，用 DPS 软件对 k 和 n 进行二次多项式逐步回归分析，求解 Page 方程中 k 和 n 的回归方程，剔除不显著的影响因素（$P>0.05$），得到回归方程及回归方程的方差分析表，如表 3-12 所示。

表 3-12　回归方程的方差分析表

参数	R^2	自由度	F 值	$F_{0.01}$
k	0.92880	3,12	52.1829	5.95
n	0.94372	4,11	46.1132	5.67

k、n 的回归方程分别为：

$$k=0.0063327-0.0042396t+0.000000151T^2+0.0007234t^2$$

$$n=1.314043-0.000191T^2-0.0433297t^2+0.00681Tt+0.042216\rho t$$

由表 3-12 可知，Page 模型参数 k 和 n 均有 $F>F_{0.01}$，回归方程显著。

（3）干燥模型的验证　为了验证模型的精准性，将干燥温度 50℃、超声声能密度 1.2W/g、干燥时间为 2h 及干燥温度 60℃、超声声能密度 1.6W/g、干燥时间为 3h 时的试验数据与模型预测值进行比较，结果如图 3-24 所示。

由图 3-24 可以看出，在整个干燥过程中，试验值与 Page 模型的预测值拟合度较好，最大的相对误差（相对误差＝|试验值－预测值|/试验值）为 5％，说明 Page 模型能较准确地描述全蛋液超声真空干燥过程中的水分变化规律。

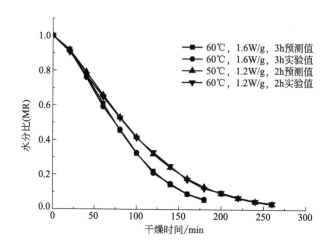

图 3-24　不同条件下 MR 试验值与预测值的比较

3.3.8　全蛋液超声真空干燥的有效水分扩散系数和活化能

根据计算所得水分比，求$-\ln MR$ 与 t 的线性方程，采用 Oringin8.5 软件进行线性拟合，拟合方程的斜率为 F，根据式（3-5）计算得到 D_{eff}。D_{eff} 的变化范围为 $1.6456\times10^{-9}\sim6.5497\times10^{-9}\,m^2/s$。不同干燥条件下的有效水分扩散系数见图 3-25。

图 3-25 表明了随着干燥温度、超声声能密度的增大，有效水分扩散系数（D_{eff}）增大。另外，在一定超声作用时间内，有效水分扩散系数随超声作用时间的增大而增大。

同时，扫描电镜结果也显示，经过超声处理后，物料的组织间隙增大，形成更多的微细孔道，加速内部水分的扩散，从而提高有效水分扩散系数。

将 $\ln D_{eff}$ 与 $1/T$ 的曲线进行线性拟合，如图 3-26 所示。其斜率值为$-E_a/R$，计算得到全蛋液干燥的活化能 E_a 为 16.1512kJ/mol。

以上试验结果表明：经过超声处理后，蛋粉组织的微细孔道明显增多，连通性增强，从而降低传热传质阻力，提高干燥速率。

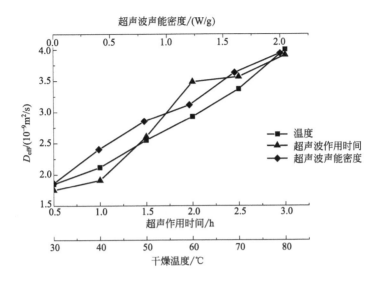

图 3-25　不同干燥条件下的有效水分扩散系数

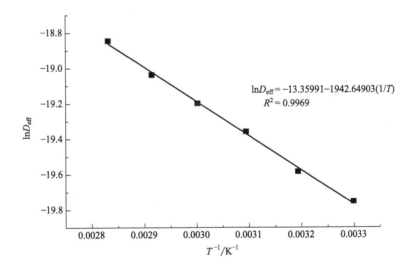

图 3-26　$\ln D_{\text{eff}}$ 与 $1/T$ 的线性关系

　　超声强化效应随着声能密度的增大而增强，另外，超声作用时间不宜过长，在干燥温度为 50℃，超声声能密度为 2.0W/g 时，超声持续作用 2.5h 之后，进一步增强超声作用时间对全蛋液干燥过程的强化效果不明显。

　　采用 9 种薄层干燥数学模型对试验数据进行拟合、求解，并采用多元线性逐步回归方法对 Page 模型系数进行求解。结果表明：Page 模型的拟合程度最好，R^2 均大于 0.99，e_{RMSE} 和 χ^2 均小于 0.01，能很好地描述全蛋液超声真空干燥过程中水分的变化规律。

以 Fick 扩散定律为依据，确定全蛋液传热传质的有效水分扩散系数（D_{eff}）的变化范围为 $1.6456 \times 10^{-9} \sim 6.5497 \times 10^{-9}\,\text{m}^2/\text{s}$。由 Arrhenius 方程建立有效水分扩散系数与温度的关系，得到全蛋液水分活化能（E_a）为 16.1512kJ/mol。

3.4 超声频率对全蛋液干燥过程中水分迁移规律的影响

3.4.1 超声频率对空化气泡运动的数值模拟分析

在介质中超声的机制包括空化、热和机械效应，其中空化效应是超声作用的主要机制。空化效应及其强度与超声频率和超声强度有关。

假设超声作用在不可压缩的连续介质上，空化泡内气体为理想气体，空化泡运动满足球形对称运动，且该过程为绝热过程，根据 Rayleigh-Plesset 方程，双频超声空化气泡的动力学模型表示为：

$$R\left(\frac{d^2R}{dt^2}\right) + \frac{3}{2}\left(\frac{dR}{dt}\right)^2 = \frac{1}{\rho_1}\left[\left(P_h + \frac{2\sigma}{R_0} - R_v\right)\left(\frac{R_0}{R}\right)^{3k} + P_v - \frac{2\sigma}{R} - \frac{4\mu}{R}\left(\frac{dR}{dt}\right)\right.$$

$$\left. - P_h + P_A\sin(2\pi f_A t) + P_B\sin(2\pi f_B t + \varphi)\right] \quad (3\text{-}11)$$

式中　R——时间 t 处空化气泡的半径，m；

d^2R/dt^2——空化泡上的质点加速度，m/s^2；

dR/dt——空化泡上的质点速度，m/s；

ρ_1——液体的密度，kg/m^3；

P_h——流体压力，Pa；

σ——液体表面张力系数，N/m；

R_0——空化泡的初始半径，m；

P_v——空化泡内蒸汽压，Pa；

k——气体多变指数，取 1；

μ——液体的运动黏滞系数，Pa·s；

f_A、f_B——A、B 两种超声波频率，Hz；

P_A、P_B——A、B 两种超声波声压振幅，Pa；

φ——双频超声相位差。

式(3-11) 是关于空化泡半径 R 的二阶非线性常微分方程，可采用 Matlab 2014a 提供的一种自适应步长的四阶-五阶 Runge-Kutta 算法进行求解，初始条件为，$t=0$ 时，$R=R_0$，$dR/dt=0$。

假设温度为 30℃，在标准大气压下，选择液体介质为水，进行空化气泡的径向壁运动模拟。参照有关文献可知：$\rho_1=995.65\text{kg/m}^3$，$P_h=1.013\times10^5\text{Pa}$，$c=1509.2\text{m/s}$，$\sigma=0.0712\text{N/m}$，$\mu=0.801\text{mPa}\cdot\text{s}$，$P_v=4247\text{Pa}$；空化泡的初始半径取 $1\times10^{-6}\text{m}$；总声强为 1W/cm^2，即单频超声激励时声强取 1W/cm^2，双频超声时两种频率超声声强均取 0.5W/cm^2。假设双频超声相位差为零，即 $\varphi=0$ 时，以频率为 28kHz 为例，分别计算空化泡半径随单频和双频超声激励的变化规律。

在声压场中，声压振幅和声强的关系为：

$$P=\sqrt{2I\rho_1 c} \tag{3-12}$$

式中　P——声压振幅，Pa；

I——超声波声强，W/m^2；

ρ_1——介质的密度，kg/m^3；

c——介质中的声速，m/s。

选择超声波频率分别为单频 28kHz 和双频 28kHz＋28kHz 的条件下进行空化泡的径向壁运动的模拟，数值模拟结果如图 3-27 所示。

从图 3-27 可以看出，在频率为 28kHz 的单频超声场中，空化泡最大半径是初始半径的 61 倍；在频率为 28kHz＋28kHz 的双频超声场中，空化泡最大半径是初始半径的 122 倍。在总声强相同的情况下，与单频超声激励相比，双频超声激励空化泡最大半径增大效果明显，空化气泡的振幅明显变大，较高的声压幅度会使空化进行得更加剧烈，空化效果变好。这是由于双频超声中，超声所产生的空化气泡可以产生许多新的空化核，这些空化核不仅可以再次生长成新的空化气泡，而且可以为另一个超声提供新的空化核。因此，空化效应显著增加，反应器的能量效率也得到加强。同时，双频超声产生的二次效应增强了物料与空气的交换，间接改变了空化泡的初始半径，增强了空化效应。因此，在声强和其他条件

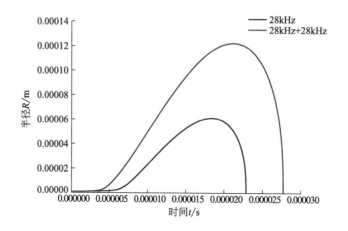

图 3-27　空化泡半径随单频和双频激励的变化规律

相同的情况下，实际应用中，采用双频复合超声可提高空化效果。

3.4.2　超声频率对全蛋液干燥过程中横向弛豫时间的影响

全蛋液在干燥过程中伴随有复杂的物理化学反应。通过 LF-NMR 技术研究不同干燥时间全蛋液内部水分状态及水分迁移规律，可以更好地了解在干燥过程中单频和双频超声波对全蛋液内部水分状态的影响。横向弛豫时间和峰面积可反映水分子的性质、含量及脱除水分的难易程度，较短的横向弛豫时间表示水分子与物料中大分子结构之间存在着紧密联系，较长的横向弛豫时间则表现为水分子与蛋白质等大分子结构之间较低的结合能以及水分子较高的迁移率。氢质子的结合度与样品的内部结构高度相关，全蛋液内部水分与其他成分之间的相互作用是影响氢质子弛豫过程的关键因素。

单频和双频条件下超声真空干燥全蛋液的横向弛豫时间 T_2 反演谱如图 3-28 所示。从横向弛豫时间 T_2 反演谱中可看出每个曲线上都有 3～4 个波峰，其代表着样品中水分所存在的不同状态。按照波峰所在区域划分水分状态，该反演谱 T_2 值的范围分别为 T_{21}（0.1～1ms）、T_{22}（1～10ms）、T_{23}（10～1000ms）、T_{24}（1000～10000ms），其对应的峰面积分别为 A_{21}、A_{22}、A_{23}、A_{24}。其中弛豫时间 T_{21} 的部分水分子被定义为结合水，这部分水分子存在于溶质或其他非水组分附近，与溶质分子之间通过化学键结合，具有与同一体系中其他水相显著不同的性质。弛豫时间 T_{22} 的部分水分子被定义为半结合水，可以代表与大分子组织结合的轻度结合水。根据文献，可将弛豫时间 T_{23} 和 T_{24} 的部分水分子一起定义为自由水或游离水，这部分水分子在生物体内或细胞内是可以自由流动的水，是良好的溶剂和运输工具。

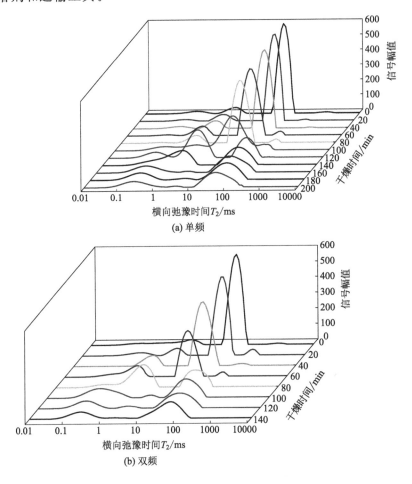

图 3-28　超声频率对横向弛豫时间 T_2 反演谱

由图 3-28 可知，在整个干燥过程中，反演图谱中峰的位置整体向左移动，且总信号幅值减小，横向弛豫时间缩短。横向弛豫时间越短，说明物料中的水分流动性越小。在干燥过程中，前期自由水较易脱除，整体峰面积减少较快，对应的干燥速率较快；中后期，随着大量自由水的脱除，与之相比，半结合水与结合水不易脱除，整体峰面积下降速度减慢，对应的干燥速率降低，这与干燥特性研究结果一致。

每个采样时间在 28kHz 和 28kHz＋28kHz 下超声真空干燥全蛋液的 T_2 和

A_2 的定量数据如表 3-13、表 3-14 所示。

表 3-13　28kHz 超声真空干燥全蛋液的横向弛豫时间及峰面积

干燥时间/min	T/ms				A/g^{-1}			
	T_{21}	T_{22}	T_{23}	T_{24}	A_{21}	A_{22}	A_{23}	A_{24}
0	(0.285 ±0.08)^{bc}	(3.511 ±0.94)^a	(75.646 ±8.01)^a	(1072.267 ±8.67)^a	(149.058 ±22.20)^e	(294.617 ±37.56)^e	(3912.892 ±16.19)^a	(33.096 ±0.40)^d
20	(0.215 ±0.03)^{ab}	(2.310 ±0.87)^a	(65.793 ±0.10)^{bc}	(932.603 ±8.91)^b	(124.368 ±17.23)^e	(360.911 ±1.22)^d	(3757.840 ±10.20)^b	(13.21 ±2.90)^e
40	(0.187 ±0.05)^c	(2.009 ±0.18)^{bc}	(49.770 ±8.57)^d	(464.159 ±7.39)^c	(90.652 ±5.69)^{ef}	(322.316 ±7.17)^e	(3637.860 ±33.84)^c	(25.872 ±13.76)^d
60	(0.142 ±0.02)^c	(1.322 ±0.14)^c	(28.480 ±3.02)^{ef}	(265.609 ±0.98)^e	(51.308 ±3.05)^g	(486.95 ±14.74)^b	(3522.051 ±20.02)^d	(92.518 ±4.71)^b
80	(0.187 ±0.02)^c	(1.129 ±0.18)^c	(21.544 ±0.38)^f	(174.753 ±3.71)^f	(41.046 ±37.14)^{fg}	(389.56 ±14.67)^{cd}	(3276.323 ±22.30)^e	(74.014 ±4.58)^c
100	(0.248 ±0.05)^{bc}	(2.009 ±0.24)^c	(32.745 ±7.92)^f	(200.923 ±7.13)^e	(324.116 ±17.05)^d	(411.018 ±10.99)^c	(2743.38 ±13.10)^f	(210.3 ±14.67)^a
120	(0.215 ±0.02)^c	(3.054 ±0.32)^a	(75.646 ±6.97)^{ab}	(305.386 ±3.81)^d	(401.072 ±8.78)^c	(1904.271 ±10.00)^a	(1148.461 ±8.03)^j	(5.233 ±4.24)^e
140	(1.748 ±0.16)^a	—	(65.793 ±2.68)^{bc}	—	(1514.397 ±0.09)^a	—	(1365.128 ±17.77)^h	—
160	(0.526 ±0.01)^{bc}	(4.642 ±0.80)^a	(57.224 ±6.06)^{bc}	—	(604.137 ±25.73)^b	(69.648 ±15.09)^f	(1457.057 ±6.38)^g	—
180	(0.248 ±0.07)^{bc}	(3.511 ±0.36)^a	(57.224 ±0.87)^c	—	(581.353 ±8.03)^b	(60.856 ±7.68)^f	(1448.039 ±5.68)^g	—
200	(0.215 ±0.02)^c	(3.012 ±0.01)^{ab}	(43.288 ±2.32)^{de}	—	(570.221 ±7.87)^b	(8.853 ±3.64)^g	(1425.71 ±1.69)^i	—

注：数据肩标字母不同表示差异显著（$P<0.05$）。

表 3-14　28kHz+28kHz 超声真空干燥全蛋液的横向弛豫时间及峰面积

干燥时间/min	T/ms				A/g^{-1}			
	T_{21}	T_{22}	T_{23}	T_{24}	A_{21}	A_{22}	A_{23}	A_{24}
0	(0.215 ±0.08)^c	(5.337 ±0.94)^{ab}	(86.975 ±6.54)^a	(811.131 ±7.87)^a	(121.139 ±22.20)^f	(408.101 ±12.80)^b	(3912.892 ±25.37)^a	(33.096 ±7.90)^b
20	(0.376 ±0.12)^c	(3.511 ±0.49)^{ab}	(65.793 ±0.08)^b	(403.702 ±2.62)^b	(190.173 ±12.65)^{ef}	(287.443 ±19.25)^c	(3834.990 ±3.42)^b	(143.691 ±6.19)^a

续表

干燥时间/min	T/ms				A/g^{-1}			
	T_{21}	T_{22}	T_{23}	T_{24}	A_{21}	A_{22}	A_{23}	A_{24}
40	(2.310 ±0.40)[a]	—	(49.770 ±7.00)[c]	(351.119 ±2.74)[c]	(545.133 ±32.27)[cd]	—	(3791.150 ±6.26)[c]	(69.554 ±17.00)[b]
60	(0.870 ±0.26)[b]	—	(21.544 ±4.00)[d]	(174.750 ±3.71)[d]	(718.939 ±45.96)[b]	—	(2282.544 ±26.55)[d]	(134.009 ±2.83)[a]
80	(0.215 ±0.01)[c]	(2.310 ±0.22)[c]	(70.162 ±2.24)[b]	—	(195.157 ±34.31)[e]	(1555.819 ±18.52)[a]	(1124.743 ±4.95)[g]	—
100	(0.284 ±0.07)[c]	(6.136 ±1.48)[a]	(67.335 ±5.45)[b]	—	(936.176 ±23.92)[a]	(79.966 ±23.96)[d]	(1567.581 ±19.50)[e]	—
120	(0.187 ±0.01)[c]	(2.656 ±0.46)[c]	(65.793 ±0.85)[b]	—	(546.305 ±18.60)[c]	(41.380 ±8.05)[d]	(1335.563 ±3.14)[f]	—
140	(0.248 ±0.02)[c]	(2.011 ±0.70)[bc]	(57.224 ±6.06)[b]	—	(458.770 ±7.94)[d]	(8.853 ±3.64)[e]	(1302.397 ±5.38)[f]	—

注：数据肩标字母不同表示差异显著（$P<0.05$）。

在干燥初期，反演谱中自由水对应的信号幅值逐渐减小，横向弛豫时间逐渐缩短，峰面积也在减小。自由水先脱除，是因为自由水流动性大，与大分子物质结合的能力弱。峰面积减小的原因是，大部分自由水被蒸发，小部分自由水在浓度梯度的作用下，一部分转化为半结合水，另一部分与蛋白质等大分子物质结合，使结合水含量升高。随着自由水大量脱除，干燥以脱除结合水、半结合水为主，表现为结合水和半结合水对应的信号幅值和横向弛豫时间逐渐开始减小，到干燥后期，半结合水大量损失，其峰面积逐渐趋于零。此时 H^+ 通过氢键与蛋白质等大分子物质紧密结合，则表现为 T_{21} 所对应的峰面积不再减少，其对应的质子库被指定为与蛋白质相互作用的水。

在整个干燥过程中，T_{21} 和 T_{22} 的横向弛豫时间几乎没有变化，表明其所代表的水分迁移率不受干燥时间延长的影响。在干燥过程中，超声频率为 28kHz，干燥时间为 140min 及超声频率为 28kHz＋28kHz，干燥时间为 40min、60min 时，出现 T_{22} 消失，这可能是因为较高的干燥温度加速 T_{22} 的左移，导致 T_{21} 和 T_{22} 部分重叠，另一方面，半结合水容易转化成结合水或者自由水，导致半结合水的损失。在频率 28kHz 时，T_{23} 对应的峰面积 A_{23} 从 3912.892g^{-1} 降至 1425.71g^{-1}，T_{24} 对应的峰面积 A_{24} 在干燥时间为 140min 时已完全消失；超声频率为 28kHz＋28kHz 时，T_{23} 对应的峰面积 A_{23} 从 3912.892g^{-1} 降至 1302.397g^{-1}，T_{24} 对应的峰面积 A_{24} 在干燥时间为 80min 时已完全消失。T_{24} 消失，是因为 T_{23} 与 T_{24} 所代表的水分均为自由水，随着干燥的进行，T_{24} 所代表的峰向左迁移，与 T_{23} 所代表的峰重合。根据文献，在干燥中后期，自由水已基本除去，然而 T_{23} 所对应的信号幅值并未趋于零，是因为 T_{23} 所对应的峰内存在有脂质峰，水与脂质相结合使自由水对应的峰面积没有减小到零。文献认为在横向弛豫时间 10~100ms 内存在脂质的特征弛豫峰。文献在测量主要蛋黄成分的横向弛豫时间时，认为 T_{23} 所对应的质子库可分配给脂质以及脂质与水相互作用的质子。

3.4.3 全蛋液干燥过程的核磁共振图像分析

采集在单频 28kHz 和双频 28kHz＋28kHz 超声作用下，真空干燥全蛋液不同时间段的 H^+ 质子密度图像，经纽迈核磁共振图像处理软件处理后得到的图像如图 3-28 所示，图 3-28 中右侧图例从上到下代表着 H^+ 质子密度从高到低。

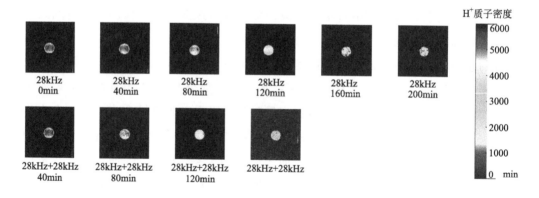

图 3-29　单频和双频条件下全蛋液干燥过程中 H^+ 质子密度图像

由图 3-29 可知，随着干燥的进行，全蛋液的 H^+ 质子密度图像的亮度逐渐降低，红色区域持续减小，表明在干燥过程中，水的松弛信号越长，含水率越小，这是因为超声干燥所产生的能量被物料吸收转化为热能，导致物料中水分迁移、蒸发，大量自由水被除去，图像变暗。图中红色区域由外到内逐渐减小，说明采集到的信号强度从外到内逐渐减小，这是因为在干燥时，物料内部水分比表面水分更难脱除，因此物料表面的水分先失去，这时由于内外浓度差，物料内部水分会向外部迁移，图中对应红色区域表现出下降趋势。在相同时间段，相比于单频超声干燥，使用双频超声干燥所得到的 H^+ 质子密度图像亮度更低，图像信号强度更弱，这说明双频超声更易促进全蛋液内部水分脱除。从图 3-28 中还可以看出，图像颜色明暗相间，这表示干燥样品中的水分分布不均匀。文献观察到在干燥结束时，H^+ 质子密度图像已看不到，其图形难以辨认，然而图 3-28 中在干燥最后阶段，虽然含水率的降低导致 MRI 图像不清楚，但仍可看到 MRI 图像。两者现象不一致，可能的原因是部分水分子与脂质、蛋白质等大分子物质结合导致 H^+ 质子信号仍可以被采集，这与前文横向弛豫时间研究结果一致。

超声频率对空化气泡运动的数值模拟结果表明，相同频率的双频超声比声压幅值为其两倍的单频超声有更好的空化效果。

运用低场核磁共振技术及磁共振成像技术进行检测，结果表明，使用双频超声时，T_2 反演谱图上总体峰面积下降变化较单频超声显著，说明双频超声有利于提高物料内水分的流动性，更有利于干燥的进行。干燥初期，自由水较易脱除，反演谱中其对应的信号幅值逐渐减少，横向弛豫时间逐渐缩短，峰面积逐渐下降。在干燥中后期，结合水和半结合水对应的信号幅值和横向弛豫时间逐渐开始减小。干燥结束时，T_{22} 所对应的峰面积趋于零。磁共振成像结果可直观地表现物料在干燥过程中水分分布情况。成像结果显示，在同一时间段，双频超声干燥比单频超声干燥的 H^+ 质子密度图像亮度低，说明双频超声更易促进全蛋液内部水分脱除。

3.5　地黄浸膏超声强化干燥工艺

在不同超声时间、超声功率、超声频率和干燥温度条件下对地黄浸膏最终含水率和梓醇含量进行分析，并通过对超声时间、干燥温度、超声功率的响应面优化，得出地黄浸膏超声强化干燥最佳工艺。

从冰箱中取出提前已备好的鲜地黄，放入水中清洗至表面无泥沙污垢，拿出并切细片，切好的地黄片选取适量放入组织粉碎机内，倒入适量的蒸馏水至刚好淹没地黄切片，开启开关至切片完全打碎，用纱布过滤，滤液倒入广口瓶中并用保鲜膜密封备用，滤渣回收待用。浸泡 2 天，浸泡期间经常晃动广口瓶以使地黄与试剂充分接触。一段时间后，把广口瓶中物料倒入烧瓶中，注意每次只能倒入不超过烧瓶 1/3 处，进行旋蒸，水浴温度为 50℃，当烧瓶瓶壁有轻微固体物质粘上，且冷凝器不再有液体滴下时，停止蒸馏，关闭旋转蒸发仪，倒出烧瓶内物料，贴上标签，放入冰箱待用。由此制得地黄浸膏。

3.5.1 地黄浸膏初始含水率的测定

鲜地黄的初始含水率的测定是根据热风干燥法直接测得。取一定量的浸膏→称重 G_1 →电热恒温干燥箱中干燥至重量不再发生变化→称取重量 G_2 →分析计算

初始含水率按以下公式来计算：

$$W_0 = [(G_1 - G_2)/G_2] \times 100\%$$ (3-13)

式中　W_0——初始含水率，%；

　　　G_1——干燥前浸膏的重量，g；

　　　G_2——干燥后浸膏的重量，g。

3.5.2 地黄浸膏中梓醇含量的测定

(1) 色谱条件　色谱柱——Agilent ZORBAX SB-C18 250×4mm 5μm；流动相——A(甲醇)-B(水)=5-95；流速——1.0mL·min^{-1}；柱温——25℃；检测波长——195nm；进样量——10μL。

(2) 梓醇标准溶液的制备　精确称取梓醇标准品 20mg，置于 10mL 容量瓶中，加流动相溶解至刻度，摇匀，配置浓度为 2μg/μL 的母液。

(3) 地黄样品溶液的制备　取一定干燥后的地黄粉，称取 1.5g 干基质量的粉末，并置于 50mL 锥形瓶中，加入 25mL 30% 的甲醇，超声提取 40min，冷却至室温，抽滤，将滤液移入 50mL 容量瓶中，将滤渣重复超声提取一次，两次滤液合并，用甲醇定容至刻度，取溶液 10mL 旋转蒸发至近干，残渣用流动相溶解，定容成 10mL，取一定量溶液放入离心机中以 8000r/min 离心 20min，取上清液为供试品溶液用于测定。取 2mL 溶液经 0.45μm 膜滤过滤至进样瓶，进行 HPLC 测定梓醇含量。

3.5.3 超声时间对地黄浸膏干燥效果及梓醇含量的影响

超声时间对地黄浸膏干燥效果和梓醇含量的影响见图 3-30。

从图 3-30 可以看出：对地黄浸膏进行超声处理，随着超声作用时间的延长，

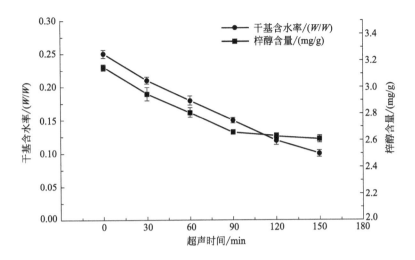

图 3-30　超声时间对地黄浸膏干燥效果和梓醇含量的影响

最终含水率逐渐降低，当超声作用时间累计达到 150min 时，5h 后浸膏的干基含水率降至 10% 左右，比没有超声作用时的 25% 降低了 60%；超声的机械作用和空化作用强度并不随时间的改变而变化，但由此引起的热效应却明显具有累积效应，即超声作用时间越长，热效应越明显，从而加速了地黄浸膏的干燥过程。梓醇含量随着超声作用时间的增加逐渐降低，但在 90min 后含量降低趋势明显减小，说明超声作用时长对梓醇的降解影响有限，并非线性关系。

3.5.4　超声功率对地黄浸膏干燥效果及梓醇含量的影响

超声功率对地黄浸膏干燥效果和梓醇含量的影响见图 3-31。

从图 3-31 可以看出，随着超声功率的不断增大，地黄浸膏的含水率和梓醇含量随之降低，有无超声强化干燥速率差别较大，超声 200W 强化干燥 1h 后浸膏含水率已经接近 10%，而没有超声强化时热风干燥 5h 后干基含水率为 24% 左右；在超声功率较小时，梓醇的降解速度并不太显著，随着超声功率的逐渐加大，梓醇的降解也随之加大，从没有超声时的 3.1mg/g 降至超声 200W 时的 2.4mg/g。所以超声功率对干燥过程的影响也十分明显。

3.5.5　温度对地黄浸膏干燥效果及梓醇含量的影响

温度对地黄浸膏干燥效果和梓醇含量的影响见图 3-32。

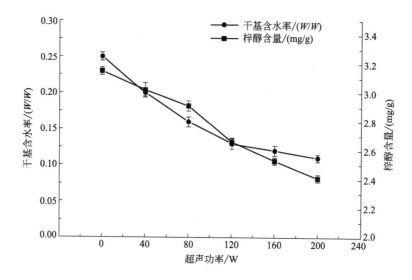

图 3-31　超声功率对地黄浸膏干燥效果和梓醇含量的影响

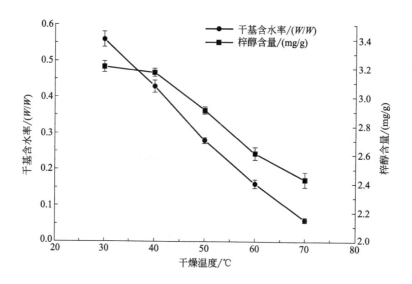

图 3-32　温度对地黄浸膏干燥效果和梓醇含量的影响

由图 3-32 可知，温度对地黄浸膏干燥速率和梓醇含量的影响十分显著，在同一干燥时间下，随着温度的不断增加，浸膏的含水率明显降低，温度越高，含水率下降越快，即地黄浸膏的干燥速率越来越高，梓醇含量也随着温度的升高逐渐降低，但不如含水率变化明显。温度是影响干燥速率的重要因素，同时对物料中的有效成分也有较大影响，因此在地黄浸膏的干燥过程中，一定范围内温度的升高是有着积极作用的。

3.5.6　超声频率对地黄浸膏干燥速率及梓醇含量的影响

超声频率对地黄浸膏干燥速率和梓醇含量的影响见图 3-33。

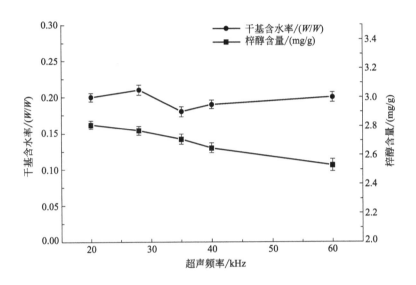

图 3-33　超声频率对地黄浸膏干燥速率和梓醇含量的影响

由图 3-33 可知，超声频率对干燥效果的影响没有明显规律，最终含水率没有显著差别，但随着超声频率的增大，梓醇含量逐渐降低，可能是随着超声频率的增大，超声空化引起的自由基效应逐渐明显，导致较高频率下的梓醇降解相对较多。但总的来说，超声频率对地黄浸膏的干燥过程影响并不显著。

3.5.7　超声强化干燥地黄浸膏工艺的响应面优化

响应面试验采用 Box-Behnken 设计，以浸膏干燥 5h 后的最终含水率（Y_1）和梓醇含量（Y_2）及加权综合指标（Y^*）作为响应值，建立数学模型，对超声真空干燥工艺进行优化，以期达到较好的干燥品质。选取超声时间（X_1）、超声功率（X_2）、干燥温度（X_3）作为试验中的 3 个因素。响应面分析的因素水平编码见表 3-15，响应面分析试验设计方案及结果见表 3-16。

表 3-15　响应面分析的因素水平编码表

水平编码 C	因素 X		
	X_1 超声时间/min	X_2 超声功率/W	X_3 干燥温度/℃
−1	90	80	40
0	120	120	50
+1	160	160	60

表 3-16　响应面分析试验设计方案及结果

试验号	水平			指标		
	C_1 /min	C_2 /W	C_3 /℃	Y_1（含水率） /(W/W)	Y_2（梓醇含量） /(mg/g)	Y^*（加权 综合指标）
1	−1	−1	0	0.35	2.94	0.49
2	1	−1	0	0.28	2.87	0.56
3	−1	1	0	0.26	2.76	0.50
4	1	1	0	0.21	2.64	0.48
5	−1	0	−1	0.37	2.98	0.49
6	1	0	−1	0.32	2.75	0.38
7	−1	0	1	0.21	2.66	0.50
8	1	0	1	0.13	2.48	0.49
9	0	−1	−1	0.38	3.01	0.50
10	0	1	−1	0.34	2.91	0.48
11	0	−1	1	0.19	2.85	0.71
12	0	1	1	0.11	2.45	0.50
13	0	0	0	0.26	2.65	0.40
14	0	0	0	0.29	2.64	0.34
15	0	0	0	0.23	2.70	0.50
16	0	0	0	0.24	2.69	0.47
17	0	0	0	0.28	2.66	0.37

　　将表 3-15 中的编码值换成每个因素的实际水平值进行试验，所得指标值见表 3-16。采用 Design-Expert 8.05 软件对表 3-16 试验数据进行统计分析，可得到实际空间内的二次多元回归模型为：

$$Y_1 = 0.26 - 0.031X_1 - 0.0350X_3 - 0.096X_3$$

$$Y_2 = 2.67 - 0.075X_1 - 0.11X_3 - 0.15X_3 - 0.012X_1X_2 + 0.012X_1X_3 - 0.075X_2X_3 +$$

$$0.023X_1^2 + 0.11X_2^2 + 0.026X_3^2$$

$$Y^* = 0.43 - 0.00875X_1 - 0.038X_2 + 0.044X_3 - 0.023X_1X_2 + 0.025X_1X_3 -$$
$$0.047X_2X_3 + 0.0045X_1^2 + 0.087\ X_2^2 + 0.044X_3^2$$

对三个回归方程的拟合情况进行检验，模型 $F_{R(Y_1)} = 77.60$，$F_{R(Y_2)} = 32.79$，$F_{R(Y^*)} = 7.45$，均大于 $F_{0.01(7,9)} = 6.71$，说明回归是显著的。失拟 $F_{LF(Y_1)} = 0.45$，$F_{LF(Y_2)} = 3.57$，$F_{LF(Y^*)} = 0.61$，均小于 $F_{0.05(4,4)} = 6.39$，说明失拟不显著。

$R_{(Y_1)}^2 = 0.957$，$R_{(Y_2)}^2 = 0.977$，$R_{(Y^*)}^2 = 0.952$，说明该模型与实际数据拟合较好。因此这些模型可用于地黄浸膏超声强化干燥工艺的分析和预测。

表 3-17　回归方程 Y_1 系数的显著性检验

Y_1 系数来源	SS	f	MS	F 值	P 值	显著性
X_1	0.0078	1	0.0078	19.83	0.0007	＊＊
X_2	0.0098	1	0.0098	24.87	0.0002	＊＊
X_3	0.074	1	0.074	188.1	＜0.0001	＊＊
残差	0.0051	13	0.0004			

注：＊＊表示差异极显著（$P<0.01$）。

表 3-18　回归方程 Y_2 系数的显著性检验

Y_2 系数来源	SS	f	MS	F 值	P 值	显著性
X_1	0.045	1	0.045	31.96	0.0008	＊＊
X_2	0.1	1	0.1	73.52	＜0.0001	＊＊
X_3	0.18	1	0.18	129.99	＜0.0001	＊＊
X_1X_2	0.00063	1	0.00063	0.44	0.5266	不显著
X_1X_3	0.00063	1	0.00063	0.44	0.5266	不显著
X_2X_3	0.023	1	0.023	15.98	0.0052	＊＊
X_1^2	0.0023	1	0.0023	1.65	0.2396	不显著
X_2^2	0.052	1	0.052	36.85	0.0005	＊＊
X_3^2	0.0028	1	0.0028	2.02	0.1981	不显著
残差	0.0099	7	0.0014			

注：＊＊表示差异极显著（$P<0.01$）。

从表 3-17、表 3-18 回归方程系数的显著性检验可知，所考察的三个因素对含水率和梓醇含量均有一定的影响。从表 3-17 可看出：X_1、X_2、X_3（$P<0.01$）对地黄浸膏最终含水率影响极其显著，同时，根据 F 值的大小可判断，试验中的 3 个因素对地黄浸膏最终含水率影响的排序为：干燥温度（X_3）＞超声功率（X_2）＞超声时间（X_1）；从表 3-18 可看出：X_1、X_2、X_3、X_2X_3（$P<0.01$）对地黄浸膏中梓醇含量影响极其显著，其他不显著。同时，根据 F 值的大小可判断，试验中 3 个因素对梓醇含量影响的大小顺序为：干燥温度（X_3）＞超声功率（X_2）＞超声时间（X_1）。

通过对模型 Y^* 进行优化，可得到使加权综合指标 Y^* 达到最大值时的地黄浸膏超声强化干燥工艺为：超声时间 90min，超声功率 106W，干燥温度 64℃，此条件下干燥的地黄浸膏综合指标最高。

采用最佳工艺参数进行试验，重复 3 次，得到地黄浸膏终产物含水率为 7.9%，梓醇含量为 2.77mg/g，通过验证试验得到的最终含水率和梓醇含量与理论值偏差较小，重复性好，说明运用响应面法优化得到的最佳超声强化干燥工艺比较可靠准确，具有较好的实用价值。

3.6 地黄浸膏超声真空干燥动力学

将制好的地黄浸膏倒入超声干燥容器中，并置入真空干燥箱。分别设定真空度为 -0.1MPa、-0.09MPa、-0.08MPa，干燥温度为 35℃、45℃、55℃、65℃，超声波功率密度为 0、0.5W/cm²、1.0W/cm²、2.0W/cm²，超声波频率为 28kHz。干燥过程中，每 30min 将超声干燥容器取出称质量，记录数据后迅速放回继续干燥，直至连续两次称得的质量差值小于 1% 时，干燥结束。试验设计方案如表 3-19 所示。

表 3-19　地黄浸膏超声真空干燥试验设计方案

试验序号	干燥温度/℃	超声功率密度/(W/cm²)	真空度/MPa
1	35	2.0	-0.1
2	45	2.0	-0.1
3	55	2.0	-0.1
4	65	2.0	-0.1

续表

试验序号	干燥温度/℃	超声功率密度/(W/cm^2)	真空度/MPa
5	55	0.5	−0.1
6	55	1.0	−0.1
7	55	2.0	−0.1
8	55	2.0	−0.09
9	55	2.0	−0.08

3.6.1　超声真空干燥对地黄浸膏形态的影响

地黄浸膏在 55℃ 下分别进行热风干燥和超声真空（2W/cm^2，−0.01MPa 条件下，下同）干燥后的表观形态如图 3-34[(a)、(b)] 所示，显微图像如图 3-34 [(c)、(d)] 所示。

(a) 55℃热风干燥

(b) 55℃超声真空干燥

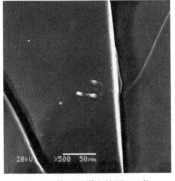

(c) 55℃热风干燥电镜图(500倍)

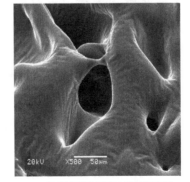

(d) 55℃超声真空干燥电镜图(500倍)

图 3-34　地黄浸膏干燥后的形态及显微图像

从图 3-34[(a)、(b)] 可以看出，地黄浸膏经热风干燥后表面较平整，干后裂纹和孔洞较少，质地密实，表面硬化和"结皮"现象较为严重，较难从容器中分离出来；作为对比，超声真空干燥后孔隙和裂纹比较密集，表面粗糙，质地疏松，没有产生表面硬化或"结皮"现象，内部水分蒸发不受阻碍，而且间接地增大了水分蒸发面积，减少了浸膏内部水分向表面迁移的阻力。

从图 3-34[(c)、(d)] 可以看出，地黄浸膏经热风干燥后表面较平整，仅有少许裂纹，质地密实，不利于干燥后期传热传质；超声真空干燥后孔隙和裂纹比较多，表面粗糙，质地疏松，利于干燥后期内部水分的扩散，易于粉碎和后续加工。所以超声联合真空干燥使地黄浸膏在干燥过程中的形态和水分扩散方式都发生了很大的变化，试验表明，相同温度和物料量情况下，超声真空干燥比普通热风干燥完成时间平均缩短 35%～45%。

3.6.2　温度对地黄浸膏干燥特性的影响

干燥温度对水分比和干燥速率的影响分别如图 3-35[(a)、(b)] 所示。

由图 3-35[(a)、(b)] 可以看出，在干燥温度较高条件下（55℃、65℃），干燥前期的水分比下降快，干燥速率高，而到了后期的水分比下降缓慢，干燥速率低。这是因为干燥温度较高时，物料表面水分蒸发速度快，干燥为内部扩散控制，前期，地黄浸膏含水率较大且具有较多的体相水，内部水分向表面扩散快。随着干燥的继续进行，地黄浸膏含水率逐渐降低，体相水大幅减少；同时，由于物料中的结合水较难析出，干燥过程变得缓慢；干燥温度较低时（35℃、45℃），干燥速率变化较为平缓，主要是由于在较低温度时，物料表面水分未达到1000Pa 压力下的沸点，干燥过程为表面汽化控制，到干燥后期，干燥速率随着地黄浸膏含水率的下降逐渐降低。

不同温度条件下，干燥温度越高，水分比下降速率就越快，干燥所需时间就越短，65℃条件下的干燥时间仅相当于 35℃下的 50%、45℃下的 57%。通常温度是决定干燥速度的主要因素，温度越高，干燥过程中所能达到的最高干燥速率越大，在干燥温度 35℃、45℃、55℃、65℃时，初始干燥速率分别为 $0.36h^{-1}$、$0.48h^{-1}$、$0.88h^{-1}$、$1.32h^{-1}$。虽然总体上干燥速率随干燥温度的升高而增大，但温度过高会带来的表面板结效应更加明显。表面板结导致浸膏内部水分扩散速率下降，使得干燥速率减小，且会使地黄浸膏中的热敏成分分解变化，所以干燥温度应控制在 50～70℃之间。

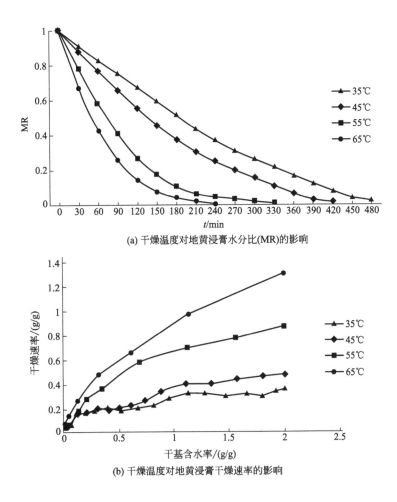

(a) 干燥温度对地黄浸膏水分比(MR)的影响

(b) 干燥温度对地黄浸膏干燥速率的影响

图 3-35 干燥温度对地黄浸膏干燥特性的影响

3.6.3 超声声能密度对地黄浸膏干燥特性的影响

超声声能密度对地黄浸膏水分比和干燥速率的影响分别如图 3-36[(a)、(b)]所示。

由图 3-36 可知，提高超声波声能密度有利于缩短干燥时间、增加干燥速率。当超声声能密度为 $0.5W/cm^2$、$1W/cm^2$、$2W/cm^2$ 时，干燥时间比没有超声强化时分别缩短了 18.2%、27.3% 及 27.3%。根据干燥速率曲线，可知在超声波强化作用下，干燥速率随着超声波声能密度的增加而上升，尤其在干燥过程的前期更加明显，而在干燥的后期阶段，干燥速率的差异明显减小。由干燥开始

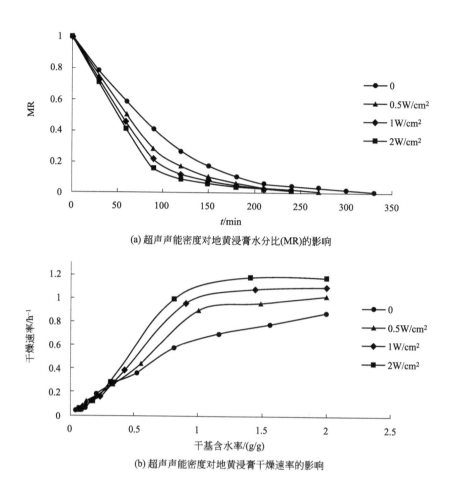

(a) 超声声能密度对地黄浸膏水分比(MR)的影响

(b) 超声声能密度对地黄浸膏干燥速率的影响

图 3-36　超声声能密度对地黄浸膏干燥特性的影响

至物料干基含水率降至 1.0g/g，超声声能密度为 0.5W/cm²、1W/cm²、2W/cm² 时对应的平均干燥速率分别为 0.96h⁻¹、1.09h⁻¹、1.18h⁻¹，与不经过超声强化干燥的 0.79h⁻¹ 相比，分别增加 21.5%、38.0%及 49.4%；而物料干基含水率从 1.0g/g 至干燥结束，超声声能密度为 0.5W/cm²、1W/cm²、2W/cm² 时对应的平均干燥速率分别为 0.22h⁻¹、0.24h⁻¹、0.25h⁻¹，与不经超声强化干燥的 0.2h⁻¹ 相比，分别增加 10%、20%及 25%；可见，在干燥过程中，随着物料含水率的不断降低，超声波的强化效应明显下降，这可能因为随着干燥过程的进行及物料水分含量的降低，物料与超声干燥容器的接触面由于水分的不断迁移产生了海绵状多孔结构，声阻抗不断降低，导致超声波由换能器到物料的传播越来越困难，从而导致超声波对干燥速率的影响变小。

3.6.4　真空度对地黄浸膏干燥特性的影响

真空度对地黄浸膏干燥过程中水分比和干燥速率的影响见图 3-37。

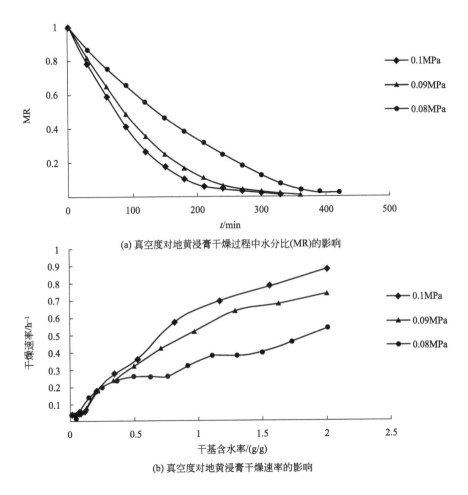

(a) 真空度对地黄浸膏干燥过程中水分比(MR)的影响

(b) 真空度对地黄浸膏干燥速率的影响

图 3-37　真空度对地黄浸膏干燥特性的影响

由图 3-37 可以看出，在 55℃干燥温度条件下，真空度较高时（−0.1MPa、−0.09MPa）时，地黄浸膏水分比下降快，干燥速率高，真空度较低时，水分比下降缓慢，干燥速率低。因为同一干燥温度下，真空度越高，物料表面水分蒸气压差越大，蒸发速度越快。在 55℃条件下，当真空度大于−0.09MPa 时，物料中的水分已达到沸点温度，干燥速率比−0.08MPa 时明显加快。到了干燥后期，真空度的影响逐渐减弱，主要是由于随着体相水的不断蒸发，结合水的比例逐渐增大，而气压对结合水移动和蒸发影响有限，所以干燥后期干燥速率趋于一致。

3.6.5 超声真空干燥地黄浸膏模型的选择

选取有代表性的薄层干燥模型，利用数据处理软 Origin8.5 将试验值与模型进行非线性拟合，经相关系数（R^2）、卡方（χ^2）及均方根误差（RMSE）来评价数学模型的预测值与试验值的拟合程度，最后选取最符合该试验值的干燥模型，拟合的结果见表 3-20。

表 3-20　地黄浸膏超声真空干燥模型的拟合结果

模型	试验序号	模型常数	R^2	χ^2	RMSE
Page	1	$k=0.000496, n=1.39503$	0.99442	0.000559	0.02222
	2	$k=0.00132, n=1.27789$	0.99621	0.000387	0.01833
	3	$k=0.00323, n=1.25529$	0.99943	0.0000637	0.00728
	4	$k=0.00742, n=1.163$	0.99956	0.0000522	0.00637
	5	$k=0.0038, n=1.27902$	0.99887	0.000134	0.01034
	6	$k=0.00352, n=1.33088$	0.99737	0.000329	0.01599
	7	$k=0.00308, n=1.39391$	0.99622	0.000476	0.01924
	8	$k=0.00243, n=1.26971$	0.9994	0.000066	0.00750
	9	$k=0.00124, n=1.29454$	0.99289	0.000738	0.02530
均值			0.997152222	0.000311656	0.01473
Midilli	1	$a=1.0657, b=0,$ $k=0.00388, n=1.02628$	0.96737	0.00327	0.0500
	2	$a=1.05326, b=0,$ $k=0.0056, n=1.00832$	0.9786	0.00219	0.0400
	3	$a=0.99545, b=8.105\times10^{-6},$ $k=0.00303, n=1.2688$	0.99932	0.0000753	0.00708
	4	$a=1.06147, b=0,$ $k=0.06004, n=0.70538$	0.93511	0.00773	0.06553
	5	$a=0.9995, b=5.57\times10^{-5},$ $k=0.00329, n=1.3164$	0.99899	0.00012	0.00847

续表

模型	试验序号	模型常数	R^2	χ^2	RMSE
Midilli	6	$a=0.99953, b=1.026\times10^4,$ $k=0.00276, n=1.39601$	0.99786	0.000267	0.012202
	7	$a=0.99902, b=1.162\times10^{-4},$ $k=0.00233, n=1.4692$	0.99724	0.000348	0.013904
	8	$a=1.05011, b=0,$ $k=0.00877, n=1.01689$	0.98735	0.00139	0.03107
	9	$a=1.04684, b=0,$ $k=0.00537, n=1.01803$	0.97277	0.00283	0.045556
均值			0.981623333	0.002024478	0.030423556
Logarithmic	1	$a=1.54694, c=-0.53345, k=0.0022$	0.99874	0.000126	0.010204
	2	$a=1.26012, c=-0.24662, k=0.00386$	0.99916	0.000086	0.008287
	3	$a=1.08388, c=-0.05551, k=0.00972$	0.99399	0.000669	0.022398
	4	$a=1.05653, c=-0.04702, k=0.0137$	0.99844	0.000186	0.011155
	5	$a=1.07595, c=-0.04643, k=0.01225$	0.99116	0.00105	0.027092
	6	$a=1.0759, c=-0.04491, k=0.01382$	0.98621	0.00172	0.033895
	7	$a=1.06666, c=-0.03334, k=0.01565$	0.98137	0.00235	0.039553
	8	$a=1.11101, c=-0.08269, k=0.00779$	0.99531	0.000516	0.019923
	9	$a=1.29284, c=-0.28738, k=0.00368$	0.9981	0.000198	0.01257
均值			0.993608889	0.000766778	0.020564111
Two-term Model	1	$a=0.53838, k_1=0.0047,$ $b=0.53837, k_2=0.0047$	0.96559	0.00345	0.051364
	2	$a=0.52969, k_1=0.0060,$ $b=0.52969, k_2=0.00609$	0.97907	0.00214	0.039623
	3	$a=0.52202, k_1=0.01121,$ $b=0.52218, k_2=0.01121$	0.9874	0.0014	0.03055
	4	$a=0.51038, k_1=0.0155,$ $b=0.51038, k_2=0.0155$	0.99318	0.000812	0.021239
	5	$a=0.52058, k_1=0.0138,$ $b=0.52048, k_2=0.0138$	0.98506	0.00177	0.032604

续表

模型	试验序号	模型常数	R^2	χ^2	RMSE
TWO-term Model	6	$a=0.52043, k_1=0.01548,$ $b=0.52043, k_2=0.01548$	0.97888	0.00264	0.038283
	7	$a=0.5203, k_1=0.01707,$ $b=0.52009, k_2=0.01707$	0.97437	0.00323	0.042348
	8	$a=0.52568, k_1=0.00952,$ $b=0.52567, k_2=0.00952$	0.98551	0.0016	0.033236
	9	$a=0.52806, k_1=0.00618,$ $b=0.5281, k_2=0.00618$	0.97233	0.00288	0.045920
均值			0.980154444	0.002213556	0.037240778
Wang and singh	1	$a=-0.00312, b=2.2173\times10^{-6}$	0.9993	7.04536×10^{-5}	0.007896
	2	$a=-0.00423, b=4.5213\times10^{-6}$	0.99915	8.6769×10^{-5}	0.008679
	3	$a=-0.00755, b=1.42302\times10^{-5}$	0.9932	7.55612×10^{-4}	0.0251
	4	$a=-0.01042, b=2.69241\times10^{-5}$	0.98836	0.00139	0.03283
	5	$a=-0.0093, b=2.1573\times10^{-5}$	0.98976	0.00121	0.031177
	6	$a=-0.01048, b=2.73518\times10^{-5}$	0.98717	0.0016	0.03531
	7	$a=-0.01115, b=3.03808\times10^{-5}$	0.97903	0.00264	0.04533
	8	$a=-0.00651, b=1.06954\times10^{-5}$	0.99755	2.69931×10^{-4}	0.01511
	9	$a=-0.00426, b=4.5348\times10^{-6}$	0.99928	7.51597×10^{-5}	0.00807
均值			0.992533333	0.000899769	0.023278
Approximation of diffusion	1	$a=1.89935, k=0.00654$	0.99163	8.39027×10^{-4}	0.02721
	2	$a=1.81826, k=0.00817$	0.99529	4.81877×10^{-4}	0.02043
	3	$a=1.81051, k=0.01507$	0.99929	7.86557×10^{-5}	0.008096
	4	$a=1.68252, k=0.01983$	0.99951	5.87326×10^{-5}	0.006759
	5	$a=1.85494, k=0.0191$	0.99918	9.71365×10^{-5}	0.008815
	6	$a=1.91637, k=0.02216$	0.99806	2.42282×10^{-4}	0.01374
	7	$a=1.97856, k=0.02519$	0.99701	3.76218×10^{-4}	0.01709
	8	$a=1.82051, k=0.01278$	0.99895	1.15303×10^{-4}	0.00988
	9	$a=1.8196, k=0.0083$	0.99134	9.00058×10^{-4}	0.02793
均值			0.99669555	0.0003544	0.01555

续表

模型	试验序号	模型常数	R^2	χ^2	RMSE
Henderson and Pabis	1	$a=1.07681, k=0.0047$	0.97018	0.00299	0.05136
	2	$a=1.0594, k=0.00609$	0.98229	0.00181	0.03962
	3	$a=1.04421, k=0.01121$	0.98992	0.00112	0.03055
	4	$a=1.02075, k=0.0155$	0.99513	5.79972×10^{-4}	0.02124
	5	$a=1.04108, k=0.0138$	0.9888	0.00133	0.03260
	6	$a=1.04088, k=0.01548$	0.98491	0.00188	0.03828
	7	$a=1.04042, k=0.01707$	0.98169	0.00231	0.04235
	8	$a=1.05137, k=0.00952$	0.98815	0.00131	0.03324
	9	$a=1.0562, k=0.00618$	0.97659	0.00243	0.04592
均值			0.98418	0.00175	0.03724

由表 3-20 可以看出，所有模型拟合的 R^2 均值都大于 0.98，χ^2、RMSE 均值都分别小于 0.00223、0.03725。说明地黄浸膏的超声真空干燥过程比较符合薄层干燥的经验和半经验方程，其中 Page 方程 R^2 在 0.99289～0.99956 之间，均值 0.99715 为 7 个模型中最大值，χ^2、RMSE 分别小于 0.00074、0.02530，均值分别为 0.00077、0.02056，均为 7 个模型中的最小值，且形式简单，参数较少，所以 Page 模型可以较好地描述地黄浸膏超声真空干燥过程。Page 方程回归参数估计见表 3-21。

表 3-21　Page 方程回归参数估计

变量	k	n
常量	-0.0235	1.9144
T	0.0002	-0.0071
W_d	-0.0006	0.0804
P_v	0.1528	-2.8395

由表 3-21 可知，模型参数 k 和 n 的值均随试验条件的改变而变化，即在不同的干燥温度（T）、超声声能密度（W_d）及真空度（P_v）条件下，它们的值也随之发生变化，因此，干燥常数 k 和 n 是 T、W_d 及 P_v 的函数。

由参数估计值可以获得 k、n 与 T、W_d、P_v 的关系模型：

$$k = -0.0235 + 0.0002T - 0.0006W_d + 0.1528P_v$$

$$n = 1.9144 - 0.0071T + 0.0804W_d - 2.8395P_v$$

根据试验数据，用 DPS7.05 软件对 k 和 n 进行回归分析，得到回归方程的显著性分析如表 3-22 所示。

表 3-22　回归方程的显著性分析表

参数	R^2	D_f	F	$F_{0.01}$
k	0.95422	(3,5)	16.658	12.06
n	0.97929	(3,5)	38.991	12.06

由表 3-22 可知，Page 模型参数 k 和 n 均有 $F > F_{0.01}$，方程回归效果显著。

为了验证模型的精确性，将温度 50℃、超声声能密度 1W/cm² 、真空度 0.09MPa 条件下的试验数据与模拟值进行比较，其结果如图 3-38 所示。

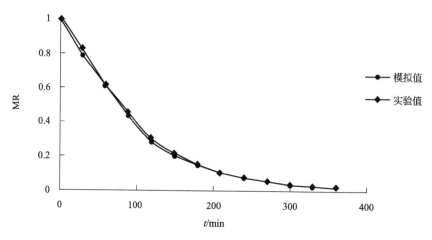

图 3-38　Page 模型的验证

在整个干燥过程中，Page 模型预测值与试验值拟合较好，任意时刻的预测值与试验值相对偏差（相对偏差＝｜试验值－预测值｜/试验值）均小于 5.6%，说明 Page 模型能较准确地描述地黄浸膏在薄层干燥过程中的水分变化规律。

3.6.6　超声真空干燥地黄浸膏的有效水分扩散系数和活化能

将试验数据转换为 lnMR-t 形式并作图，然后进行线性拟合，根据拟合方程的斜率，计算出有效水分扩散系数 D。不同干燥条件下地黄浸膏的有效水分扩散系数如表 3-23 所示。

表 3-23　不同干燥条件下地黄浸膏的有效水分扩散系数

试验号	线性拟合方程	相关系数 R^2	速率常数 k/s^{-1}	有效水分扩散系数 $D/(10^{-8}\,\mathrm{m}^2/\mathrm{s})$
1	$\ln\mathrm{MR}=-0.000115t+0.4056$	0.9115	0.000115	1.86620
2	$\ln\mathrm{MR}=-0.00015t+0.4248$	0.9136	0.000150	2.43418
3	$\ln\mathrm{MR}=-0.000232t+0.2299$	0.9916	0.000232	3.75945
4	$\ln\mathrm{MR}=-0.000348t+0.3366$	0.9713	0.000348	5.65270
5	$\ln\mathrm{MR}=-0.000268t+0.1504$	0.9970	0.000268	4.35447
6	$\ln\mathrm{MR}=0.000293t+0.1179$	0.9952	0.000293	4.76017
7	$\ln\mathrm{MR}=-0.0003t+0.0076$	0.9879	0.000300	4.8635
8	$\ln\mathrm{MR}=-0.000213t+0.3295$	0.9859	0.000213	3.46194
9	$\ln\mathrm{MR}=-0.000157t+0.437$	0.9370	0.000157	2.54236

　　试验还研究了有效水分扩散系数 D 和温度、超声声能密度和真空度间的关系，结果如图 3-39～图 3-41 所示。

　　由图 3-39～图 3-41 可知，温度、超声声能密度和真空度越大，有效水分扩散系数 D 越大。不同试验参数对有效水分扩散系数的影响程度不同，其中干燥温度对有效水分扩散系数的影响最显著。随着干燥温度的升高，有效水分扩散系数 D 逐渐增大，且温度越高，D 的增幅越大，呈指数增长，主要是由于在 0.1MPa 真空条件下，地黄浸膏内的水分在 55℃ 条件下已达到沸点，水分子运动剧烈，水分迁移加快，液相扩散和水蒸气扩散都大幅增加，从而有效水分扩散系数 D 也迅速增大，65℃ 时的有效水分扩散系数 D 甚至达到了 35℃ 时的 3.03 倍。

　　超声声能密度对有效水分扩散系数 D 的影响趋势也较为明显，随着超声声能密度的逐渐加大，D 也随之增大，当超声声能密度大于 $1\mathrm{W/cm}^2$ 时，继续增大超声声能密度对 D 的影响逐渐减弱，超声波对地黄浸膏的液相水分扩散有促进作用，但对水蒸气扩散影响较小。随着水分逐渐减少浸膏的声阻抗也随之减少，超声波的作用就逐渐弱化了，但从图 3-39～图 3-41 可以看出，有超声作用存在时的有效水分扩散系数 D 明显大于无超声作用时，在同一温度和真空度条件下，

声能密度 $2.0W/cm^2$ 时的 D 值比没有超声作用增大 29.5%。

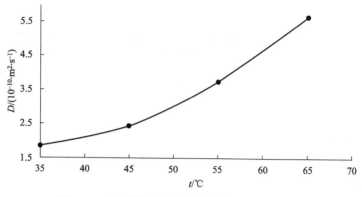

图 3-39　不同温度下的有效水分扩散系数

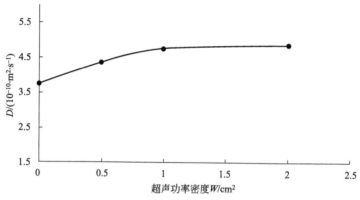

图 3-40　不同超声声能密度下的有效水分扩散系数

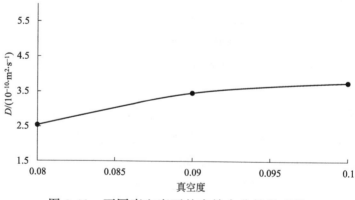

图 3-41　不同真空度下的有效水分扩散系数

真空度对有效水分扩散系数 D 的影响也有显著的趋势，真空度越大即绝对压力越小，有效水分扩散系数 D 越大，在 55℃的干燥温度下，当真空度大于 0.08MPa 后，地黄浸膏中的水分逐渐达到并超过沸点，使 D 有一段较大的提升，由于真空环境对表面水分蒸发和水分梯度的形成影响较大而对内部水分扩散影响较小，故继续加大真空度对 D 的影响不如刚开始显著且对设备和成本要求都大幅提高，故真空度在 0.09～0.1MPa 即可，由图可得真空度 0.1MPa、0.09MPa 时的 D 值比 0.08MPa 分别增大 47.9%、36.2%。

将 D 与 T、W_d 和 P_v 用 DPS 软件进行多元线性回归分析，得到 D 的回归方程为：

$$10^{-8}D = 10.557 + 0.12861T + 0.43245W_d + 75.987P_v \quad (r=0.9798)$$

由回归方程可知，方程的相关系数较高，可用于有效水分扩散系数的简化计算。试验计算得到的地黄浸膏有效水分扩散系数在 $1.87 \times 10^{-8} \sim 5.65 \times 10^{-8} \mathrm{m^2/s}$ 之间。

用 Excel 2013 将 $\ln D$ 与 $1/T$ 的曲线进行线性拟合，其中 55℃时的 $\ln D$ 求均值，如图 3-42，根据拟合直线率 E_a/R，计算出地黄浸膏干燥的活化能 $E_a = 32.729\mathrm{kJ/mol}$。

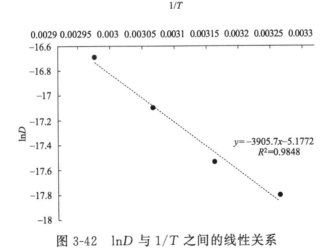

$$y = -3905.7x - 5.1772$$
$$R^2 = 0.9848$$

图 3-42　$\ln D$ 与 $1/T$ 之间的线性关系

由地黄浸膏干燥表观形态和电子扫描显微镜图像分析可得出，超声真空干燥能促进水分子的湍流扩散，形成微细通道和海绵效应，活化固体表面，避免表面硬化，降低水分饱和蒸汽压，增大水分扩散的压力梯度，有效降低水分迁移阻力，提高水分扩散速率，使地黄浸膏在干燥过程中的形态和水分扩散方式都发生了很大的变化。

干燥试验结果表明，地黄浸膏超声真空干燥是内部水分扩散控制的降速干燥过程，恒速干燥阶段很短暂，干燥过程为内部水分扩散速率控制，超声和真空环境可以明显改善内部水分扩散条件。地黄浸膏干燥水分比下降速率和干燥速率随着干燥温度、超声声能密度和真空度的增大而加快。

用试验数据对 7 种常见的薄层干燥模型进行非线性拟合，并以相关系数 R^2、卡方 χ^2 和标准误差 RMSE 作为评价拟合结果的标准。其中 Page 方程 R^2 在 0.99289~0.99956 之间，均值 0.99715 为 7 个模型中最大值，χ^2、RMSE 分别小于 0.000738、0.02530，均值分别为 0.00077、0.02056 均为 7 个模型中的最小值，且形式简单，参数较少，更加适合描述地黄浸膏超声真空干燥过程中水分比与干燥时间之间的关系。运用 DPS7.05 软件对 Page 模型系数进多元线性回归，并追加试验验证，结果表明 Page 模型能较好地描述地黄浸膏超声真空干燥过程中水分比和干燥速率的变化规律。

将试验数据作线性转换并作图，然后进行线性拟合，根据拟合方程的斜率，计算出有效水分扩散系数 D，D 值随着干燥温度、超声声能密度和真空度的升高而增大。最后将 $\ln D$ 与 $1/T$ 的曲线进行线性拟合计算出地黄浸膏的平均活化能 E_a 为 32.729kJ/mol。

第4章

生物黏稠物料干燥后的品质

4.1 超声真空干燥蜂蜜的品质

蜂蜜是富含多种营养成分的天然滋补品，利用干燥技术来提高产品品质并方便于运输，使蜂蜜得到广泛应用。超声真空干燥理论上具有干燥速率快、营养流失少的特点。本章以蜂蜜为原料，利用超声真空干燥设备，进行超声真空干燥蜂蜜的品质研究，研究在不同的干燥温度、超声声能密度及超声时间下蜂蜜的品质特性，最后，利用层次分析法，研究超声真空干燥过程中较优的干燥参数，以期为超声真空干燥蜂蜜的生产及产品控制提供理论依据。

蜂蜜的干燥方法：在超声声能密度为 1.2W/g，超声时间为 160min，设定干燥温度为 30℃、40℃、50℃、60℃、70℃，探究干燥温度对蜂蜜粉品质的影响；在干燥温度为 50℃，超声时间为 160min，设定超声声能密度为 0、0.4W/g、0.8W/g、1.2W/g、1.6W/g，探究超声声能密度对蜂蜜粉品质的影响；在干燥温度为 50℃，超声声能密度为 1.2W/g，设定超声时间为 40min、80min、

120min、160min、200min，探究超声时间对蜂蜜粉品质的影响。每隔 20min 称量样品，直至样品的质量连续两次读数不变，试验结束。每组试验重复 3 次。

4.1.1 蜂蜜粉的色泽

采用色差计测定新鲜蜂蜜与干燥后蜂蜜粉的色泽明亮度 L^*、红绿值 a^* 和蓝绿值 b^*，每个样品选取不同角度测定 3 次，取平均值。计算公式如式（4-1）

$$\Delta E = \sqrt{(L_0^* - L^*)^2 + (a_0^* - a^*)^2 + (b_0^* - b^*)^2} \tag{4-1}$$

式中，ΔE 为总体颜色变化值、L_0^* 为新鲜样品的亮度值、L^* 为干燥样品的亮度值、a_0^* 为新鲜样品的红绿值、a^* 为干燥样品的红绿值、b_0^* 为新鲜样品的黄蓝值、b^* 为干燥样品的黄蓝值。

不同干燥条件对蜂蜜粉色差值的影响，如图 4-1 所示。

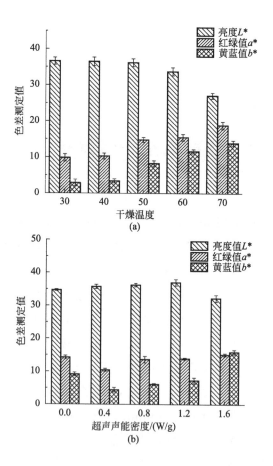

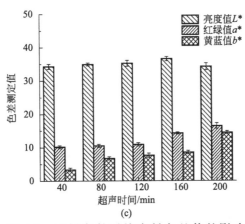

图 4-1　干燥条件对蜂蜜粉色差值的影响

与新鲜蜂蜜的 L^* 值（41.06）、a^* 值（6.82）和 b^* 值（3.34）相比，干燥后的样品 L^* 值总体上均减小，样品的 a^* 值与 b^* 值高于新鲜样品，说明干燥过程会使物料变黄，原因可归于蜂蜜干燥过程中发生的美拉德反应。在五种干燥温度下，随着干燥时间的延长，L^* 值降低，a^* 值和 b^* 值逐渐升高，是由于高温导致分子的流动性和活性增强，从而加快美拉德反应。随着超声声能密度和超声时间的增加，样品 L^* 值变化趋势不明显，a^* 值和 b^* 值升高，经过超声真空干燥后的样品，在 $0.4\sim1.2W/g$ 范围内 L^* 值均高于真空干燥样品，a^* 值和 b^* 值均低于真空干燥，说明超声处理能抑制干燥过程中的美拉德反应。当声能密度达到 $1.6W/g$ 和超声时间达到 200min 时样品的 L^* 值明显降低，a^* 值和 b^* 值增大。这是由于超声波的热效应引起样品内部质点振动和介质间的相互摩擦，导致样品内部温度升高，产生褐变。Chen 等发现超声真空干燥胡萝卜片比真空干燥胡萝卜片的亮度偏高，颜色偏红，表明超声可减少褐变程度，保留样品的色泽。

4.1.2　蜂蜜粉的溶解性

称取 5g 蜂蜜粉并加入 100mL 蒸馏水于烧杯中，搅拌至溶解，3000r/min 离心 5min。取 25mL 上清液于称量瓶中，放入 105℃热风干燥箱中干燥至恒重，计算公式如式（4-2）

$$溶解度(\%)=\frac{m_1}{m_2}\times100\%　\qquad(4\text{-}2)$$

式中，m_1 为上清液中干物质量，g；m_2 为样品质量，g。

不同干燥条件下蜂蜜粉的溶解度，如图 4-2 所示。

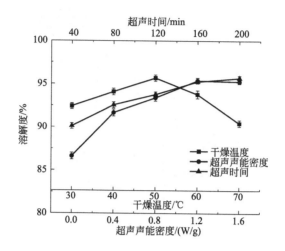

图 4-2　不同干燥条件下蜂蜜粉的溶解度

由图 4-2 可知，干燥温度的升高使样品溶解度先逐渐升高，当干燥温度超过 50℃时，溶解度开始下降，降低至 90％，这是因为干燥温度的升高使样品结块，在水中不易溶解，因此干燥温度不宜过高。与真空干燥样品的溶解度（86.6％）相比，经过超声作用的样品溶解度随着超声声能密度和超声时间的增加而逐渐增大，这是因为超声波的机械效应与空化效应，使样品颗粒变小，并将亲水集团暴露在分子表面，增强与水分子间的交互，从而提升溶解性。当超声声能密度大于 1.2W/g，超声时间大于 160min 时，样品的溶解度无明显变化，这是因为干燥时间延长、超声波衰减、超声能量降低，不能够将原有的小分子进一步打断，致使溶解度变化不大。

4.1.3　蜂蜜粉的流动性

将漏斗固定在铁架台上，使其垂直于桌面，在桌面上铺张白纸，白纸与漏斗口的距离记为 H，将蜂蜜粉沿着漏斗内壁均匀倒入，测量白纸上所形成的圆锥体底部半径（R）。计算公式如式（4-3）。

$$\theta = \arctan(H/R) \tag{4-3}$$

通过测定休止角可判断粉体流动性的强弱，其值小于 45°，说明流动性较好，休止角大于 45°，则流动性较差。测定结果如图 4-3 所示。

由图 4-3 可知，真空干燥条件下的样品休止角最大，随着声能密度和超声时间的增加，休止角逐渐降低，当声能密度为 1.2W/g 和超声时间为 120min 时，

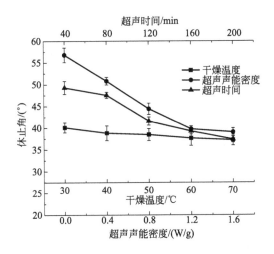

图 4-3　不同干燥条件下蜂蜜粉的休止角

休止角小于 45°，表现出较好的流动性，说明超声作用的增强，能改善粉体的流动性，这是因为超声波打破样品的组织结构，使干燥后的样品颗粒间的摩擦力减小，流动性提高。在不同干燥温度下，样品的休止角略有上升，但变化幅度不大，休止角均≤40°。

4.1.4　蜂蜜粉中还原糖的含量

蜂蜜粉还原糖含量的测定采用斐林氏容量法，结果如图 4-4 所示。

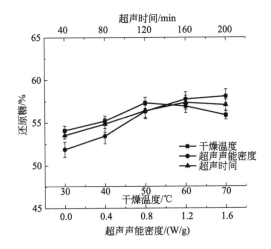

图 4-4　不同干燥条件下蜂蜜粉的还原糖含量

由图 4-4 可知，在干燥温度 30～50℃，样品还原糖的含量略微增加，这是由于蜂蜜中转化酶的作用，样品在较低温度下，转化酶活性增强，使部分蔗糖转化为葡萄糖和果糖，导致还原糖含量的增加。而当干燥温度大于 50℃ 后，还原糖含量逐渐降低，是由于温度过高，导致美拉德反应的速率加快，使还原糖含量减少。当干燥温度为 50℃，增大超声声能密度和超声时间有利于提高样品中还原糖的含量，与未加超声相比，在不同超声声能密度下还原糖含量分别提高了 3％、9％、11％、12％。不同超声时间下还原糖含量提高了 3％、6％、9％、11％、10％，这是由于超声波的空化效应和机械效应，能缩短干燥时间，进而减少糖类物质发生降解反应的时间，从而有利于还原糖的保存。

4.1.5 蜂蜜粉中总酚的含量

蜂蜜粉总酚含量的测定采用 Folin-Ciocaileu 方法。结果如图 4-5 所示。

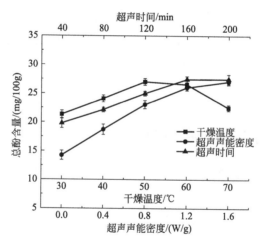

图 4-5　不同干燥条件下蜂蜜粉的总酚含量

由图 4-5 可知，在不同干燥条件下，总酚含量的范围为 14.2～27.5mg/100g。随着干燥温度的增加，样品的总酚含量呈现先增加后降低的趋势。在干燥温度 30～50℃，由于干燥时间逐渐缩短，同时在低温、真空状态下，降低了酚类物质发生氧化反应的可能性，导致总酚含量增加；而温度的继续升高，会加快酚类物质的降解反应，最终表现其含量下降。Vega-Galvez 等研究表明在低温下，干燥时间减少，酚类物质降解时间变短，有利于酚类物质的保存。与未加超声作用相比，随着超声声能密度和超声时间的增加，总酚含量均得到提高，表明经过超声作用可缩短干燥时间，从而减慢酚类物质的降解反应，这与 Ordonez-Santos 等研究的结果一致，其研究发现经过超声处理后可显著提高果汁中总酚的利用率。

4.1.6　蜂蜜粉中总黄酮的含量

蜂蜜粉总黄酮含量的测定采用 $NaNO_2$-$AlCl_3$ 法，结果如图 4-6 所示。

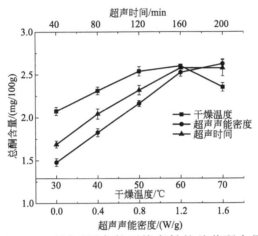

图 4-6　不同干燥条件下蜂蜜粉的总黄酮含量

由图 4-6 可知，在不同干燥条件下，总黄酮含量的范围为 1.478～2.576mg/100g。当干燥温度达到 50℃时，总黄酮含量达到最大值，是由于干燥温度的升高，导致干燥时间的缩短，有利于总黄酮的保留，而干燥温度过高，会加快黄酮类物质的降解反应，因此，干燥温度达到 50℃后总黄酮含量下降。与真空干燥相比，提高超声声能密度和超声时间，总黄酮含量均逐渐升高，这是因为超声作用的增强使干燥时间缩短，从而缩短黄酮降解时间，有利于黄酮的保存。Rodríguez 等研究表明，在干燥温度 30℃下，超声强化热风干燥苹果的总黄酮含量显著高于热风干燥苹果的总黄酮含量，说明在低温干燥过程中超声有利于提高总黄酮含量。

4.1.7　蜂蜜粉中羟甲基糠醛的含量

羟甲基糠醛（HMF）是蜂蜜的重要品质指标，标志着蜂蜜的新鲜程度，在蜂蜜的干燥过程中，蜂蜜中的糖类物质会发生转化反应生成羟甲基糠醛。测定方法如下。

称取样品 10g 于烧杯中，加入 20mL 无氧蒸馏水，混匀，移入 50mL 容量瓶中，并定容至刻度。

分别吸取样液 2.0mL 于试管中，分别加入 5mL 对甲苯胺溶液，一个试管中加入 1mL 巴比妥酸溶液，另一个试管加入 1mL 无氧水，混匀，于分光光度计 550nm 波长下测定样品的吸光度，计算公式如式 (4-4)：

$$羟甲基糠醛(mg/100g) = Af \tag{4-4}$$

式中，f 为羟甲基糠醛的系数，22.5。

不同干燥条件下蜂蜜粉羟甲基糠醛含量的测定结果如图 4-7 所示。

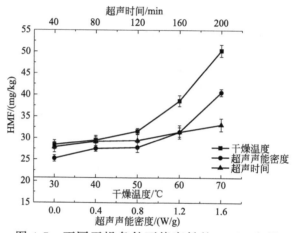

图 4-7　不同干燥条件下蜂蜜粉的 HMF 含量

由图 4-7 可知，随着干燥温度的增加，样品的 HMF 值逐渐增大，当温度达到 70℃ 时，其值达到最大，且大于国标 HMF 含量（40mg/kg），这是由于高温促进单糖的氧化，加快蔗糖的分解，导致 HMF 值的增加。随着超声声能密度和超声时间的增加，HMF 值逐渐增加，当超声声能密度达到 1.6W/g 时，其值大于国标 HMF 含量，这是因为在样品内部，超声能量转化成热能，导致样品局部高温，样品的分子动能不断增高至超越活化能，从而不断转换成 HMF。

4.1.8　蜂蜜粉品质的综合评价

综合评价采用层次分析法（AHP）进行超声真空干燥蜂蜜的干燥参数优化。以色差值、溶解性、流动性、还原糖、总酚、总黄酮及 HMF 含量 7 个指标为多指标性成分，建立超声真空干燥工艺评价的目标树，见图 4-8。由上到下分别为目标层、准则层和方案层。

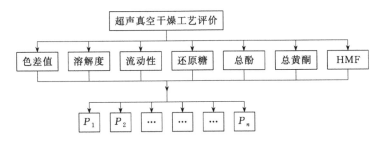

图 4-8　蜂蜜超声真空干燥工艺评价的目标树

根据 1～9 的层次评分标准，评价蜂蜜粉产品指标的重要性。评价度的大小，决定该指标在同层结构中所占的比重大小。目标树各层次评分标度见表 4-1。然后建立成对判断矩阵，计算权重值，见表 4-2。

表 4-1　蜂蜜干燥产品指标的层次评分标度

评价标度	定义
1	两个元素具有同等重要性
3	一个元素比另一个元素略微重要
5	一个元素比另一个元素比较重要
7	一个元素比另一个元素非常重要
9	一个元素比另一个元素绝对重要
2,4,6,8	介于以上元素的中间值
倒数	若 i 与 j 的重要性之比为 a_{ij}，则 j 与 i 的重要性之比为 $1/a_{ij}$

表 4-2　蜂蜜干燥产品品质成对比较判断矩阵 0-C 及一致性检验

0	C1	C2	C3	C4	C5	C6	C7	W_i
C1	1	4	5	2	3	3	1/2	0.2311
C2	1/4	1	2	1/3	1/2	1/2	1/4	0.0595
C3	1/5	1/2	1	1/4	1/3	1/2	1/5	0.0416
C4	1/2	3	4	1	2	3	1/3	0.1559
C5	1/3	2	3	1/2	1	2	1/3	0.1039
C6	1/3	2	2	1/2	1/2	1	1/4	0.0789
C7	2	4	5	3	3	4	1	0.3290
$\lambda_{\max} = 7.5073, CI = 0.0846, RI = 1.32, CR = 0.0641$								

注：C1～C7 依次为色差值、溶解度、流动性、还原糖含量、总酚含量、总黄酮含量及 HMF 含量。

判断矩阵的一致性检验，根据 $CI = (\lambda_{\max}-7)/(7-1) = 0.0846$，当 $n = 7$ 时，相应的平均随机一致性指标值 $RI = 1.32$，求得 $CR = CI/RI = 0.0641 < 0.1$，满足矩阵的一致性要求。

对各指标的原始数据进行归一化处理，以使实验具有统一性。计算公式如式

（4-5）和式（4-6），指标综合评分的计算公式如式（4-7）

$$y_i = \frac{x_i - x_{\min}}{x_{\max} - x_{\min}} \qquad (4\text{-}5)$$

$$y_i = \frac{x_{\max} - x_i}{x_{\max} - x_{\min}} \qquad (4\text{-}6)$$

式中，y_i 为归一化值；x_i 为指标真实值；$x_{\max}$、$x_{\min}$ 分别为指标最大值和指标最小值。

$$综合评分(K) = y_1 w_1 + y_2 w_2 + y_3 w_3 + y_4 w_4 + y_5 w_5 + y_6 w_6 + y_7 w_7 \qquad (4\text{-}7)$$

式中，$y_1 \sim y_7$ 分别为色差值、溶解度、流动性、还原糖含量、总酚含量、总黄酮含量及 HMF 含量的归一化值。$w_1 \sim w_7$ 分别为其相对应的权重。

不同干燥条件下蜂蜜粉的综合评分结果，如表 4-3 所示。

表 4-3　不同干燥条件下蜂蜜粉的综合评分结果

干燥温度/℃	声能密度/(W/g)	超声时间/min	综合评分
30	1.2	160	0.657
40	1.2	160	0.734
50	1.2	160	0.931
60	1.2	160	0.748
70	1.2	160	0.514
50	0	160	0.571
50	0.4	160	0.693
50	0.8	160	0.867
50	1.2	160	0.931
50	1.6	160	0.916
50	1.2	40	0.579
50	1.2	80	0.682
50	1.2	120	0.803
50	1.2	160	0.931
50	1.2	200	0.896

由表 4-3 可知，当干燥温度为 50℃、声能密度为 1.2W/g 和超声时间为 160min 时，综合评分值最高，其干燥后蜂蜜粉的还原糖含量、总酚含量、总黄

酮含量、HMF 含量、色差值、溶解度和休止角分别为 57.48g/100g、26.84 mg/100g、2.546mg/100g、31.46mg/kg、10.53、95.68％和 39.16°。经过超声作用的样品的综合评分值均显著大于真空干燥，说明超声强化真空干燥不仅能缩短干燥时间，并且有利于对其营养成分的保留和产品品质的提高。

以上试验结果表明：超声作用下高温不利于营养物质的保留。随着干燥温度的升高，蜂蜜粉的色差值、溶解度、还原糖含量、总酚含量和总黄酮含量都呈现先升高后下降的趋势，HMF 值逐渐增大，在干燥温度 70℃时，HMF 值超标。

超声声能密度和超声时间的增加有利于提高还原糖、总酚及总黄酮含量，溶解度、流动性和色差也得到了提高。而在超声声能密度 1.6W/g 时，HMF 值超标。因此，适度超声作用可使蜂蜜粉的功能特性得到改善。

经 AHP 优化，超声真空干燥蜂蜜的最佳工艺参数为：干燥温度 50℃、超声声能密度 1.2W/g 和超声时间 160min，对应的蜂蜜粉还原糖含量、总酚含量、总黄酮含量、HMF 含量、色差、溶解度和休止角分别为 57.48g/100g、26.84mg/100g、2.546mg/100g、31.46mg/kg、10.53、95.68％和 39.16°。

4.2　超声真空干燥全蛋粉的品质

将不同条件下超声真空干燥的全蛋粉按以下方法测定全蛋粉的品质。

4.2.1　全蛋粉中可溶性蛋白的保存率

采用考马斯亮蓝法分别测定干燥前蛋液及干燥后蛋粉的可溶性蛋白质含量，并制作标准曲线，其标准曲线的方程为 $y = 0.098 + 5.41x$，$R^2 = 0.9996$，表明方程可靠，可用来计算蛋粉中可溶性蛋白的含量。可溶性蛋白质保存率见式（4-8）。

$$可溶性蛋白保存率(\%) = \frac{干燥后蛋白含量}{干燥前蛋白含量} \times 100 \tag{4-8}$$

不同干燥条件下全蛋粉可溶性蛋白保存率见图 4-9。

由图 4-9 可知，随着干燥温度的升高，蛋粉可溶性蛋白质保存率先升高后降低；干燥温度为 50℃时的可溶性蛋白质保存率最高，达到 95.2％，表明在干燥

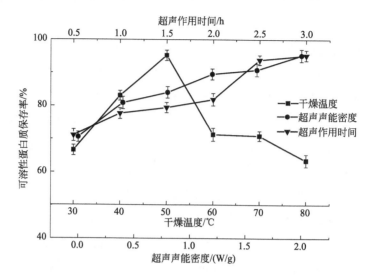

图 4-9　不同干燥条件下全蛋粉可溶性蛋白保存率

温度为 50℃时，蛋粉的可溶性蛋白质损失最少；而干燥温度为 80℃时，可溶性蛋白质保存率最低，仅为 63.5％，可溶性蛋白质损失最多。因此，真空超声干燥蛋粉的干燥温度应≤50℃。

当干燥温度为 50℃时，未经超声处理的蛋粉可溶性蛋白质保存率为 70.6％；随着超声声能密度的增大，蛋粉可溶性蛋白质保存率呈现逐渐升高的趋势，最高可以达到 95.2％，比未经超声处理蛋粉高 34.8％。

蛋粉可溶性蛋白质保存率随超声作用时间的增加而升高，当超声作用时间达到 2.5h 之后，可溶性蛋白质保存率比之前高，并趋于稳定；可溶性蛋白保存率的升高是由于在超声处理过程中，蛋白质的构象发生变化，蛋白质分子表面电荷性质增强，蛋白质-水增强，使可溶性蛋白含量增加。因此，超声作用可有效减少真空干燥蛋粉可溶性蛋白质的损失，提高可溶性蛋白质保存率。

4.2.2　全蛋粉的稳定系数

配制 1％的蛋粉溶液，取一定体积的蛋粉溶液于 50mL 离心管中，3000r/min 离心 20min，将上清液置于 1cm 比色皿中，测定 260～280nm 范围内的最大吸收峰下的吸光度 A_1，与离心前最大吸收峰下的吸光度 A_2 的比值即为稳定系数 $R(\%)$，以蒸馏水作为对照。计算公式见式（4-9）。测定结果见图 4-10。

$$R(\%) = \frac{A_1}{A_2} \times 100 \tag{4-9}$$

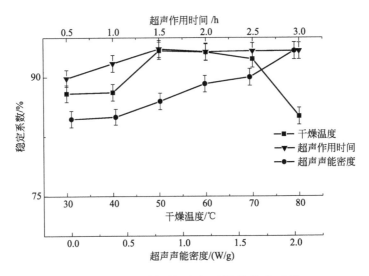

图 4-10 不同条件下全蛋粉的稳定系数

由图 4-10 可知，随着干燥温度的升高，蛋粉稳定系数先升高后降低，在 50℃时达到最大，80℃时最小，分别为 93.3%、85.1%；当干燥温度为 80℃时，在干燥过程中，蛋白质变性，相互黏结，使蛋粉颗粒增大，不宜分散于水中，稳定性降低。因此，干燥温度应≤50℃。

蛋粉稳定系数随着超声声能密度的增大而增大，当声能密度为 2.0W/g 时，蛋粉稳定系数最大为 93.3%；随着超声作用时间的增加，蛋粉稳定系数先升高，1.5h 之后逐渐趋于稳定，最高达到 93.5%，明显高于无超声作用的 84.7%，因此，超声作用可有效提高真空干燥蛋粉的稳定系数，这一部分是由于超声波机械效应产生的强大剪切力使蛋粉颗粒粒径变小，另一部分是由于超声空化效应产生的微射流及湍流增加分子之间的碰撞，使大分子多聚体分散成小分子，从而更好地分散在溶液中，稳定性也随之增强。

4.2.3 全蛋粉的溶解度

称取样品 5g 于 50mL 烧杯中，用 38mL 25～30℃的蒸馏水分次将蛋粉溶解于 50mL 离心管中，将离心管置于 30℃水中保温 5min 取出，振荡 3min，于 2000r/min 下离心 10min，倾去上清液，再加入 38mL 25～30℃的蒸馏水，再于 2000r/min 下离心 10min，倾去上清液得到沉淀，用少量水将沉淀冲洗入已知质量的平皿中，在沸水浴上将水蒸干，再放入 100℃烘箱烘至恒重。计算公式见

（4-10）。测定结果见图 4-11。

$$溶解度(g/100g)=100-\frac{(M_2-M_1)\times100}{(1-B)\times M} \tag{4-10}$$

式中，M 为样品质量，g；M_1 为平皿质量，g；M_2 为平皿加不溶物干燥后重量，g；B 为样品水分含量，g/100g。

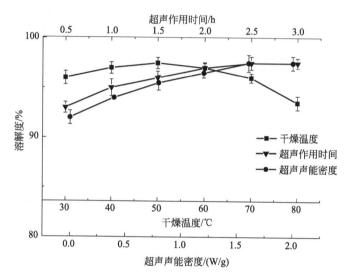

图 4-11　不同干燥条件下全蛋粉溶解度

由图 4-11 可知，随着干燥温度的升高，蛋粉溶解度逐渐升高，在 50℃ 时达到最大为 97.5%，当干燥温度大于 50℃ 时，溶解度逐渐降低，当干燥温度为 80℃ 时，蛋粉溶解度最低为 93.5%。这是由于，干燥温度过高，蛋粉颗粒出现结块、堆积现象，蛋粉颗粒向溶液内部扩散困难，即蛋粉颗粒在水中的分散性较差，溶解度较低。因此，干燥温度应≤50℃。

当干燥温度为 50℃，无超声作用时，蛋粉的溶解度为 92%，随着超声作用时间及超声声能密度的增加，蛋粉的溶解度逐渐升高，这是由于超声波的空化效应和机械效应等作用，使蛋粉颗粒由大变小，同时使更多亲水基团暴露到分子表面，增加与水分子之间的交互作用，从而更易分散在水中，因此，超声作用可有效提高真空干燥蛋粉的溶解度。但当超声作用时间达到 2h，超声声能密度达到 1.6W/g 时，进一步增加超声作用时间及超声声能密度，蛋粉的溶解度变化不明显，这是由于超声能量较低，不足以将原有的小分子进一步打断，因而其溶解度变化不大。

4.2.4　全蛋粉的起泡性及泡沫稳定性

配制 5%的蛋粉溶液，取 100mL 蛋粉溶液于烧杯中，记录初始高度为 H_0，采用均质机 10000r/min 的转速下处理 2min，记录起泡后高度为 H_1，静置 30min 后高度为 H_2。计算公式见式（4-11）、式（4-12）。测定结果见图 4-12。

$$起泡性(\%)=\frac{H_1-H_0}{H_0}\times100 \qquad (4-11)$$

$$泡沫稳定性(\%)=\frac{H_2}{H_1}\times100 \qquad (4-12)$$

由图 4-12[（a）、（b）]可知，随着超声作用时间及超声声能密度的增加，蛋粉的起泡性呈现先升高后下降的趋势，分别在超声作用 2h、超声声能密度为 1.2W/g 时达到最大，分别为 55.6%、57.5%，比未经超声处理的样品（39.5%）提高了 40.8%、45.6%，但进一步增加超声时间及超声声能密度，蛋粉起泡性逐渐降低，同时泡沫稳定性随着超声声能密度的增加逐渐升高，而随着超声作用时间的增加，先升高后略有下降。

起泡性及泡沫稳定性的增强是由于超声波作用减小了蛋粉中蛋白质等大分子胶束的粒径，改变其表面疏水性，使其有更大的表面活性，同时，蛋白质分子发生适度的伸展，从而形成更加稳定的结构和气-液界面膜，使其起泡性及泡沫稳定性增强，而过强的超声打破了蛋白质分子形成的稳定结构及界面膜，产生的泡沫容易破裂，导致其起泡性及泡沫稳定性下降。

由图 4-12（c）可知，当干燥温度低于 50℃时，随着温度的升高蛋粉溶液起泡性及泡沫稳定性升高，在 50℃时达到最大，分别为 52.1%、87.8%，当温度大于 50℃时，随着温度的升高，蛋粉溶液起泡性及泡沫稳定性都逐渐降低。这是由于温度过高，蛋白质变性、降低蛋粉颗粒的运动黏度，使得形成的液膜稳定性降低，从而使泡沫更容易膜裂，其起泡性及泡沫稳定性均降低。

4.2.5　全蛋粉的乳化性及乳化稳定性

配制 1%的蛋粉溶液，取 30mL，加入 10mL 的玉米油，于 10000r/min 均质 1min，分别于 0、10min 取均质样最底层乳化液 1mL 用 0.1%SDS 溶液稀释（1:100），以 0.1%SDS 溶液为空白对照，于 500nm 波长处测定其吸光度，分别为 A_0、A_{10min}。用式（4-13）、式（4-14）计算乳化性（EAI）和（ESI）。测定结果见图 4-12。

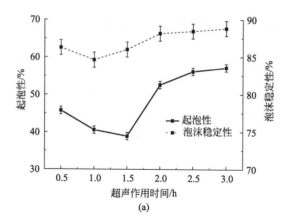

(a)

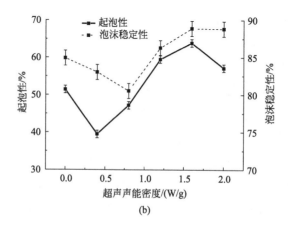

(b)

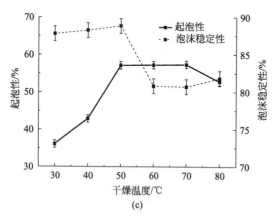

(c)

图4-12　不同干燥条件对全蛋粉起泡性及泡沫稳定性的影响

$$\mathrm{EAI}(\mathrm{m^2/g}) = \frac{2 \times 2.303 \times A_0 \times \mathrm{DF}}{\rho \times \phi \times (1-\theta) \times 10000} \tag{4-13}$$

$$\text{ESI(min)} = \frac{A_0}{A_0 - A_{10\text{min}}} \times 10 \tag{4-14}$$

式中，DF 为稀释倍数，$\times 100$；ϕ 为比色池光径，0.01m；θ 为油相所占体积分数，$1/4$；ρ 为蛋粉溶液质量浓度，g/m。

由图 4-13[(a)、(b)]可知，蛋粉乳化性及乳化稳定性随着超声作用时间及超声声能密度的增加呈现先增强后降低的趋势。其乳化性分别在超声时间 1.5h 及声能密度为 1.2W/g 时达到最大，分别为 $589.6\text{m}^2/\text{g}$ 和 $576.6\text{m}^2/\text{g}$。而其乳化稳定性在超声时间 1h 及声能密度 1.2W/g 时达到最大为 64.9% 和 43.3%。因此，适度的超声有助于提高乳化性及乳化稳定性，这是由于超声空化效应及机械效应使蛋白质等大分子结构变得疏松，同时，蛋白质疏水基团会在超声波处理时暴露出来，结构变得更加无序，使蛋白质分子更易吸附于油-水界面，但是过高的超声会产生强烈的机械性断键作用，使不溶性分子增多，同时小分子聚集，表面疏水性降低，乳化性及乳化稳定性均下降。

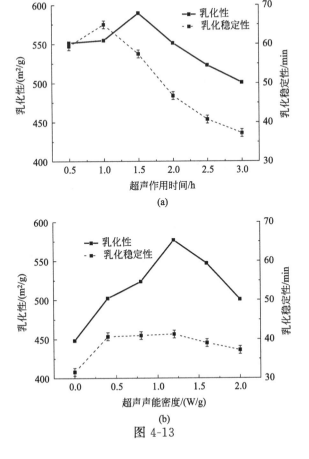

(a)

(b)

图 4-13

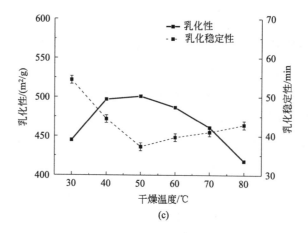

图 4-13 干燥条件对全蛋粉乳化性及乳化稳定性的影响

由图 4-13（c）可知，随着干燥温度的升高，蛋粉乳化性先增强后降低，而其乳化稳定性一直降低。

4.2.6 全蛋粉的色泽

采用色差计来测定干燥后蛋粉的色泽明亮度 L^*，绿红值 a^* 和蓝黄值 b^*，将样品压实后，每种样品取 3 次，测定时旋转 3 个不同的角度分别读数，取平均值。测定结果见表 4-4。

表 4-4 不同干燥条件下全蛋粉的色差值（$n = 3$，$\bar{x} \pm \mathrm{sd}$）

干燥温度 $T/℃$	声能密度 $\rho/(\mathrm{W/g})$	作用时间 t/h	色差		
			亮度 L^*	红绿值 a^*	黄蓝值 b^*
50	2	0.5	61.89 ± 0.59^c	14.03 ± 0.21^d	30.08 ± 0.31^f
		1	62.06 ± 0.85^c	14.06 ± 0.46^{cd}	30.63 ± 0.52^e
		1.5	62.38 ± 0.65^b	14.03 ± 0.67^d	$31.74 \pm .069^d$
		2	62.81 ± 0.35^a	14.21 ± 0.34^c	32.84 ± 0.28^c
		2.5	62.86 ± 0.28^a	14.70 ± 0.95^b	34.60 ± 0.67^b
		3	62.88 ± 0.21^a	14.88 ± 0.25^a	38.50 ± 0.52^a

续表

干燥温度 $T/℃$	声能密度 $\rho/(W/g)$	作用时间 t/h	色差		
			亮度 L^*	红绿值 a^*	黄蓝值 b^*
50	0	3	60.08 ± 0.86^e	13.76 ± 0.56^e	29.08 ± 0.36^f
	0.4		61.49 ± 0.54^d	14.12 ± 0.14^d	32.44 ± 0.28^e
	0.8		61.59 ± 0.64^d	14.37 ± 0.19^c	33.21 ± 0.42^d
	1.2		62.13 ± 0.51^c	14.59 ± 0.25^b	35.06 ± 0.95^c
	1.6		62.31 ± 0.97^b	14.88 ± 0.34^a	37.17 ± 0.16^b
	2.0		62.88 ± 0.64^a	14.88 ± 0.92^a	38.50 ± 0.26^a
30	2	3	65.53 ± 0.25^a	12.35 ± 0.26^f	28.04 ± 0.19^f
40			64.02 ± 0.13^b	13.83 ± 0.82^e	32.23 ± 0.68^e
50			62.88 ± 0.59^c	14.88 ± 0.54^d	38.50 ± 0.46^d
60			60.73 ± 0.53^d	15.98 ± 0.61^c	39.55 ± 0.28^c
70			58.97 ± 0.25^e	18.90 ± 0.82^b	41.20 ± 0.31^b
80			53.97 ± 0.49^f	20.59 ± 0.53^a	43.08 ± 0.92^a

注：a～f 表示 $\alpha=0.05$ 水平下显著。

由表 4-4 可以看出，随着超声作用时间及声能密度的增加，蛋粉 L^*、a^* 值稍有增大，而 b^* 逐渐增大，表明蛋粉色泽逐渐变黄，这是由于超声波处理能使蛋粉中核黄素暴露，从而使颜色变黄。蛋粉 L^* 随着干燥温度的升高而降低，而 a^* 和 b^* 随着干燥温度的升高而升高。这是因为葡萄糖的羰基与蛋白质的氨基会发生美拉德反应，且随着干燥温度的升高，美拉德反应越来越严重，产品颜色逐渐变红。

4.2.7　全蛋粉的紫外吸收光谱

蛋粉中蛋白质产生紫外吸收主要是由于色氨酸和酪氨酸残基侧链基团对紫外光的吸收，其次是苯丙氨酸、组氨酸和半胱氨酸残基侧链基团以及肽键对紫外光的吸收。

将蛋粉配成 1g/mL 的蛋粉溶液，用紫外可见分光光度计进行紫外光谱扫描，扫描范围为 200～300nm。扫描结果见图 4-14。

由图 4-14 可知，蛋粉溶液紫外吸光度随着干燥温度升高而下降。这是由于蛋白质分子在高温下逐渐变性，发生聚集下沉现象，从而使生色基团包埋，吸光度降低。

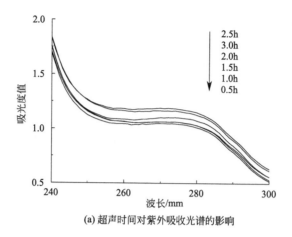

(a) 超声时间对紫外吸收光谱的影响

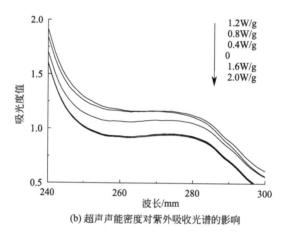

(b) 超声声能密度对紫外吸收光谱的影响

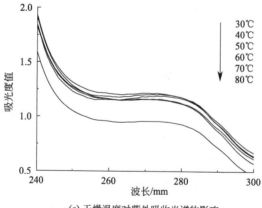

(c) 干燥温度对紫外吸收光谱的影响

图 4-14　不同干燥条件下全蛋粉对紫外吸收光谱的影响

蛋粉溶液紫外吸光度随着超声声能密度及作用时间的增加先升高、后降低，主要是因为超声处理后，其空化效应及机械效应打乱了蛋白质的致密结构，使更多的生色基团暴露在外面，从而使蛋粉溶液紫外吸光度升高。而随着超声作用时间和声能密度的进一步增大，蛋白质分子发生折叠、聚集，生色基团再次被包埋，其紫外吸收强度降低；其中当声能密度≥1.6W/g 时，其紫外吸收强度均低于无超声组。由此可见，超声处理后的蛋粉蛋白质空间结构发生了变化。

4.2.8　全蛋粉的内源荧光光谱

蛋白质中的络氨酸和色氨酸使其具有内源荧光，在发射波长为 295nm 时，色氨酸及络氨酸残基都会被激发，其发射波长和荧光强度的变化表明蛋白质分子结构的变化。

将蛋粉配成 10μg/mL 的蛋粉溶液，进行荧光光谱扫描，设置激发波长为295nm，扫描范围为 300~400nm。石英比色皿直径为 1mm，重复扫描 3 次后取平均值，根据荧光峰的强度或位置变化判断蛋白质结构的变化。结果见图 4-15。

由图 4-15 可知，蛋粉蛋白质荧光强度随着超声作用时间的延长而增大，随着超声声能密度的增大呈现先增加后降低的趋势，但均高于未超声组，当声能密度为 0.8W/g 时，其荧光强度最大。

在不同的超声处理条件下，荧光强度相应地减弱或增强，但是荧光光谱的最大发射峰并没有明显的改变，表明蛋白质的一级结构保存完好，仅使发色基团的微环境及疏水性发生了改变。荧光强度的变化是由于超声的机械效应及空化效应使蛋白质分子结构舒展，疏水性增强，发色基团暴露，发生荧光增强或荧光猝灭，从而使荧光强度增加或降低。

以上试验结果表明，随着干燥温度的升高，蛋粉蛋白质保存率、稳定系数、溶解度、起泡性及泡沫稳定性、乳化性都呈现先升高后下降的趋势，而乳化稳定性先降低后逐渐趋于平稳，最适干燥温度为 50℃。

结果表明，随着超声波声能密度及作用时间的增加，蛋粉可溶性蛋白质保存率、稳定系数、溶解度、泡沫稳定性逐渐升高，而乳化性及乳化稳定性、起泡性呈现先升高后下降的趋势。最适超声波声能密度及超声作用时间分别为1.2~1.6W/g、2~2.5h。由此可知，适度超声作用可使蛋粉的功能特性得到改善。

超声波处理可使蛋粉蛋白质表面疏水性增加，生色基团暴露，紫外吸收及内源荧光强度增加，但随着超声时间的延长及超声声能密度增加，蛋白质分子发生聚集、折叠，其表面疏水性改变，发生荧光猝灭，其紫外吸收及内源荧光强度均降低。因此，超声波作用改变蛋粉蛋白质高级结构，一级结构没有被破坏。

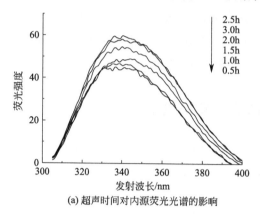

(a) 超声时间对内源荧光光谱的影响

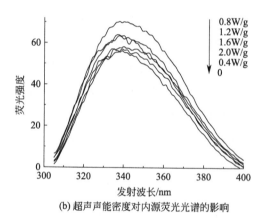

(b) 超声声能密度对内源荧光光谱的影响

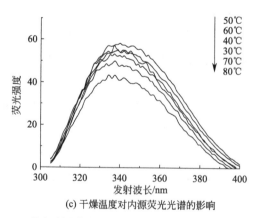

(c) 干燥温度对内源荧光光谱的影响

图 4-15 不同干燥条件对全蛋粉的内源荧光光谱的影响

参考文献

[1] 邢晶晶. 蜂蜜粉的配方与加工工艺研究 [D]. 福州：福建农林大学，2009，1-2.

[2] 孙丽娟. 微波真空干燥法生产固体蜂蜜的研究 [D]. 无锡：江南大学硕士学位论文，2007，1-2.

[3] 郭芳彬. 蜂蜜的抗菌药理研究 [J]. 养蜂科技，2002，(6)：22-25.

[4] Barhate R S, Subramanian R, Nandini KE, et al. Processing of honey using polymeric microfiltration and ultrafiltration membranes [J]. Journal of Food Engineering，2003，60 (1)：49-54.

[5] 宾冬梅. 蜂蜜的生理功能及开发利用 [J]. 特产研究，2004，26 (1)：57-61.

[6] 薛文通，宋瑞霞，陈湘宁. 蜂蜜粉喷雾干燥工艺参数的研究 [J]. 食品科技，2004，(5)：22-23.

[7] Samborska K, Czelejewska M. The influence of thermal treatment and spray drying on the physicochemical properties of polish honeys [J]. Journal of Food Processing and Preservation，2014，38 (1)：7.

[8] 吴国泰，陆文秀，张琪，等. 蜂蜜固化方法与技术研究进展 [J]. 蜜蜂杂志，2018，(3)：7-9.

[9] 张寒冰，王璋，许时婴. 滚筒干燥法生产固体蜂蜜的研究 [J]. 安徽农业科学，2005，33 (3)：465-466.

[10] 周治德，李桂银，章军. 蜂蜜粉冷冻干燥工艺参数的研究 [J]. 食品工业科技，2010，9：254-255.

[11] 孙丽娟，崔政伟. 微波真空干燥法生产固体蜂蜜 [J]. 食品研究与开发，2007，28 (2)：104-109.

[12] 胡爱军，丘泰球. 超声技术在食品工业中的应用 [J]. 声学技术，2002，21 (4)：192-194.

[13] Nowacka M, Wedzik M. Effect of ultrasound treatment on microstructure,

colour and carotenoid content in fresh and dried carrot tissue [J]. Applied Acoustics, 2016, 103 (2): 163-171.

[14] 孙悦. 基于高光谱成像技术的超声强化热风干燥紫薯的品质检测研究 [D]. 洛阳：河南科技大学硕士论文，2017，1-2.

[15] 刘云宏，苗帅，孙悦，等. 接触式超声强化热泵干燥苹果片的干燥特性 [J]. 农业机械学报，2016，47 (2): 228-236.

[16] 李薇，郑炯，陈映衡，等. 超声波处理对豌豆淀粉糊化、流变及质构特性的影响 [J]. 食品与机械，2018，34 (5): 32-37.

[17] 申远. 超声波对红酒理化指标影响及其机理初探 [D]. 西安：陕西师范大学硕士学位论文，2015，59-78.

[18] 赵斌，李苏月，林陵，等. 超声夹对原油的改质降黏效果研究 [J]. 南京工业大学学报（自然科学版），2016，38 (4): 63-66.

[19] Seshadri R, Weiss J, Hulbert G J, et al. Ultrasonic processing influences rheological and optical properties of high-methoxyl pectin dispersions [J]. Food Hydrocolloids, 2003, 17 (2): 191-197.

[20] 曾丽芬. 超声波在食品干燥中的应用 [J]. 广东化工，2008，35 (2): 49-51.

[21] Fernandes FAN, Rodrigues S. Ultrasound as pre-treatment for drying of fruits: Dehydration of banana [J]. Journal of Food Engineering, 2007, 82 (2): 261-267.

[22] Liu Y H, Sun Y, Miao S, et al. Drying characteristics of ultrasound assisted hot air drying of Flos Lonicerae [J]. Journal of Food Science and Technology-Mysore, 2015, 52 (8): 4955-4964.

[23] Óscar Rodríguez, Eim V, RossellÓ C, et al. Application of power ultrasound on the convective drying of fruits and vegetables: effects on quality [J]. Journal of the science of food and agriculture, 2018, 98 (5): 1660-1673.

[24] 赵芳，程道来，陈振乾. 超声波处理对污泥热风干燥过程的影响 [J]. 农业工程学报，2015，31 (4): 272-276.

[25] 李润东，杨玉廷，李彦龙，等. 超声波预处理对污泥干燥特性的影响 [J]. 环境科学，2009，30 (11): 3405-3408.

[26] 李娜，李瑜. 利用低场核磁共振技术分析冬瓜真空干燥过程中的内部水分变化 [J]. 食品科学，2016，37 (23): 84-88.

[27] Hills B P, Wright K M, Gillies D G. A low-field, low-cost Halbach magnet

array for open-access NMR [J]. Journal of Magnetic Resonance, 2005, 175 (2): 336-339.

[28] Todt H, Guthausen G, Burk W, et al. Water/moisture and fat analysis by time-domain NMR [J]. Food Chemistry, 2006, 96 (3): 436-440.

[29] Cheng S S, Tang Y Q, Zhang T, et al. An approach for monitoring the dynamic states of water in shrimp during drying process with LF-NMR and MRI [J]. Drying Technol, 2017, 36 (7): 841-848.

[30] Lv W Q, Zhang M, Wang Y C, et al. Online measurement of moisture content, moisture distribution, and state of water in corn kernels during microwave vacuum drying using novel smart NMR/MRI detection system [J]. Drying Technol, 2018, 36 (13): 1592-1602.

[31] Cheng S, Zhang T, Yao L, et al. Use of low field-NMR and MRI to characterize water mobility and distribution in Pacific oyster (Crassostrea gigas) during drying process [J]. Drying Technology, 2018, 36 (5): 630-636.

[32] 刘志东, 郭本恒. 食品流变学的研究进展 [J]. 食品研究与开发, 2006, 27 (11): 211-215.

[33] 周宇英, 唐伟强. 食品流变特性研究的进展 [J]. 粮油加工与食品机械, 2001, 8: 7-9.

[34] 郭晨璐, 马龙, 武杰, 等. 浓缩液态食品流变特性研究进展 [J]. 广州化工, 2013, 41 (22): 8-9.

[35] 屠康, 朱文学, 姜松, 等. 食品物性学 [M]. 南京: 东南大学出版社, 2006.

[36] 谭洪卓, 谷文英, 刘敦华, 等. 甘薯淀粉糊的流变特性 [J]. 食品科学, 2007, 28 (1): 58-63.

[37] 王聪, 樊燕, 李兆杰, 等. 发酵温度对南极磷虾虾酱流变特性和风味品质的影响 [J]. 食品科学, 2018, 39 (15): 1-9.

[38] 郭兴峰, 赵文婷, 廖小军, 等. 酸性条件下热处理对果胶流变和结构特性的影响 [J]. 食品科学, 2018, 39 (12): 40-46.

[39] 刘静波, 马爽, 林松毅, 等. 速溶蛋黄粉喷雾干燥工艺优化及其特性 [J]. 吉林大学学报 (工学版), 2012, 5: 1336-1342.

[40] Benezech T, Maingonnat J F. Characterization of the rheological properties of yoghurt—A review [J]. Journal of Food Engineering, 1994, 21 (4): 447-472.

[41] 马怡童, 朱文学, 白喜婷, 等. 超声强化真空干燥全蛋液的干燥特性与动力

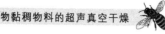
学模型 [J]. 食品科学, 2018, 39 (3): 142-149.

[42] Celma A R, López-Rodríguez, Cuadros Blázquez. Experimental modelling of infrared drying of industrial grape by-products [J]. Food & Bioproducts Processing, 2009, 87 (4): 247-253.

[43] İnci Türk Toğrul, Pehlivan D. Modelling of thin layer drying kinetics of some fruits under open-air sun drying process. Journal of Food Engineering, 2004, 65 (3): 413-425.

[44] 白竣文, 王吉亮, 肖红伟, 等. 基于 Weibull 分布函数的葡萄干燥过程模拟及应用 [J]. 农业工程学报, 2013, 29 (16): 278-285.

[45] Kaleta A, Krzysztof G. Evaluation of drying models of apple (var. McIntosh) dried in a convective dryer [J]. International Journal of Food Science & Technology, 2010, 45 (5): 891-898.

[46] Ibrahim Doymaz. Drying kinetics of white mulberry [J]. Journal of Food Engineering, 2004, 61 (3): 341-346.

[47] Akpinar E K, Bicer Y. Modelling of the drying of eggplants in thin-layers [J]. International Journal of Food Science & Technology, 2010, 40 (3): 273-281.

[48] Taherigaravand A. Study on Effective moisture diffusivity, activation energy and mathematical modeling of thin layer drying kinetics of bell pepper [J]. Australian Journal of Crop Science, 2011, 5 (2): 128-131.

[49] Ertekin C, Yaldiz O. Drying of eggplant and selection of a suitable thin layer drying model [J]. Journal of Food Engineering, 2004, 63 (3): 349-359.

[50] Togrul T, Pehlivan D. Mathematical modelling of solar drying of apricots in thin layers [J]. Journal of Food Engineering, 2002, 55 (3): 209-216.

[51] Chen C, Wu P C. Thin-layer Drying Model for Rough Rice with High Moisture Content [J]. Journal of Agricultural Engineering Research, 2001, 80 (1): 45-52.

[52] Diamante L M, Munro P A. Mathematical modelling of hot air drying of sweet potato slices [J]. International Journal of Food Science & Technology, 2010, 26 (1): 99-109.

[53] 关志强, 王秀芝, 李敏, 等. 荔枝果肉热风干燥薄层模型 [J]. 农业机械学报, 2012, 43 (2): 151-158.

[54] Yi X K, Wu W F, Zhang Y Q, et al. Thin-layer drying characteristics and

modeling of Chinese Jujubes [J]. Mathematical Problems in Engineering, 2012, 2012: 1-18.

[55] 李顺峰, 王安建, 侯传伟, 等. 废弃双孢蘑菇菇柄微波真空干燥特性及动力学模型 [J]. 中国食品学报, 2016, 16 (2): 181-188.

[56] Nascimento E, Mulet A, Ascheri J L R, et al. Effects of high-intensity ultrasound on drying kinetics and antioxidant properties of passion fruit peel [J]. Journal of Food Engineering, 2016, 170: 108-118.

[57] Rodríguez O, Santacatalina J V, Simal S, et al. Influence of power ultrasound application on drying kinetics of apple and its antioxidant and microstructural properties [J]. Journal of Food Engineering, 2014, 129: 21-29.

[58] Patrícia M A, Baima M, Amorim MDR, et al. Effect of ultrasound on banana cv Pacovan drying kinetics [J]. Journal of Food Engineering, 2010, 97 (2): 194-198.

[59] 王汉羊, 刘丹, 于海明. 山药微波热风耦合干燥特性及动力学模型 [J]. 食品科学, 2018, 39 (15): 125-131.

[60] Udomkun P, Argyropoulos D, Nagle M, et al. Single layer drying kinetics of papaya amidst vertical and horizontal airflow [J]. LWT Food Science and Technology, 2015, 64 (1): 67-73.

[61] Liu Y, Sun Y, Yu H, et al. Hot air drying of purple-fleshed sweet potato with contact ultrasound assistance [J]. Drying Technology, 2016, 35 (5): 564-576.

[62] Garcia-Perez J V, Carcel J A, Riera E, et al. Intensification of low-temperature drying by using ultrasound [J]. Drying Technology, 2012, 30 (11-12): 1199-1208.

[63] Cárcel J A, Garcia-Perez J V, Riera E, et al. Improvement of Convective Drying of Carrot by Applying Power Ultrasound—Influence of Mass Load Density [J]. Drying Technology, 2011, 29 (2): 174-182.

[64] Li M, Wang H, Zhao G, et al. Determining the drying degree and quality of chicken jerky by LF-NMR [J]. Journal of Food Engineering, 2014, 139: 43-49.

[65] Au C, Wang T, Acevedo N C. Development of a low resolution 1H NMR spectroscopic technique for the study of matrix mobility in fresh and freeze-

thawed hen egg yolk [J] . Food Chemistry, 2016, 204: 159-166.

[66] Zhang Q Q, Li W, Li H K, et al. Low-field nuclear magnetic resonance for online determination of water content during sausage fermentation [J] . Journal of Food Engineering, 2017, 212: 291-297.

[67] Faal S, Tavakoli T, Ghobadian B. Mathematical modelling of thin layer hot air drying of apricot with combined heat and power dryer [J] . Journal of Food Science and Technology, 2015, 52 (5): 2950-2957.

[68] Jianguo X, Senwang Z, Gang X, et al. Thin-layer hot air drying characteristics and moisture diffusivity of lotus seeds [J] . Transactions of the Chinese Society of Agricultural Engineering, 2016, 32 (13): 303-309.

[69] Wei S, Tian B Q, Jia H F, et al. Investigation on water distribution and state in tobacco leaves with stalks during curing by LF-NMR and MRI [J] . Drying Technology, 2018, 36 (4): 1-8.

[70] 刘云宏，孙畅颖，曾雅．直触式超声功率对梨片超声强化热风干燥水分迁移的影响 [J] . 农业工程学报，2018，34 (19): 292-300.

[71] 徐建国，张森旺，徐刚，等．莲子薄层热风干燥特性与水分变化规律 [J] . 农业工程学报，2016，32 (13): 303-309.

[72] 祝树森．基于低场 NMR 的胡萝卜干燥过程水分状态及其分布的研究 [D] . 南昌：南昌航空大学硕士学位论文，2012，51-53.

[73] 孙卓，李佩珊，盛龙，等．超声处理对蛋清粉速溶性的影响 [J] . 食品科学，2018，39 (21): 85-93.

[74] 陈桂云，黄玉萍，陈坤杰．蜂蜜流变性研究现状及发展趋势 [J] . 食品科学，2013，34 (19): 376-380.

[75] Ahmed J, Singh A, Ramaswamy H S, et al. Effect of high-pressure on calorimetric, rheological and dielectric properties of selected starch dispersions [J] . Carbohydrate Polymers, 2014, 103 (4): 12-21.

[76] 田少君，雷继鹏，孙阿鑫．温度对大豆蛋白流变特性的影响 [J] . 中国油脂，2004，29 (10): 47-49.

[77] Wang Y, Wang LJ, Li D, el al. Effects of drying methods on rheological properties of flaxseed gum [J] . Carbohydr Polym, 2009, 78: 213-219.

[78] Salehi F, Kashaninejad M. Effect of drying methods on rheological and textural properties, and color changes of wild sage seed gum [J] . Journal of

Food Science & Technology, 2015, 52 (11): 7361-7368.

[79] 张磊, 余筱洁, 周存山, 等. 扫频超声波提取对花生油脂氧化和流变特性的影响 [J]. 现代食品科技, 2017, 33 (8): 228-234.

[80] 隋丽敏, 李爽, 俞苓, 等. 植物糖浆对紫云英蜂蜜流变特性影响的研究 [J]. 食品工业科技, 2011, 32 (6): 164-166.

[81] 潘君拯, 陈青春, 鲁亚芳. 蜂蜜流变模型及水分-温度-黏度图 [J]. 食品科学, 1993, 14 (5): 9-13.

[82] 夏强, 黄丹菲, 余强, 等. 超声解聚对大粒车前子多糖流变性质、溶液构象及活性的影响 [J]. 食品工业科技, 2016, 37 (17): 80-85.

[83] 余振宇, 姜绍通, 潘丽军, 等. 芋头浆的流变特性 [J]. 食品科学, 2015, 36 (7): 36-40.

[84] Ahmed J, Prabhu S T, Raghavan GSV, et al. Physico-chemical, rheological, calorimetric and dielectric behavior of selected Indian honey [J]. Journal of Food Engineering, 2007, 79: 1207-1213.

[85] 郭泽镔, 陈玲, 曾绍校. 莲子淀粉糊流变特性的研究 [J]. 中国粮油学报, 2014, 29 (3): 30-36.

[86] 罗志刚, 扶雄, 何小维. 超声波处理对蜡质玉米淀粉糊流变性质的影响 [J]. 高分子材料科学与工程, 2008, 24 (10): 147-150.

[87] Diego G D, Navaza J M, Lourdes C. Rheological behaviour of Galician honeys [J]. European Food Research and Technology, 2006, 222 (3-4): 439-442.

[88] Yoo B. Effect of temperature on dynamic rheology of Korean honeys [J]. Journal of Food Engineering, 2004, 65 (3): 459-463.

[89] 刘云宏, 孙悦, 王乐颜, 等. 超声波强化热风干燥梨片的干燥特性 [J]. 食品科学, 2015, 36 (9): 1-6.

[90] Gamboa-Santos J, Montilla A, Cárcel, J A, et al. Air-borne ultrasound application in the convective drying of strawberry [J]. Journal of Food Engineering, 2014, 128: 132-139.

[91] Gallego-Juárez J A, Riera E, De F, et al. Application of high-power ultrasound for dehydration of vegetables: processes and devices [J]. Drying Technology, 2007, 25 (11): 1893-1901.

[92] 付梅周. 金柑蜂蜜粉配方与加工工艺的研究 [D]. 福州: 福建农林大学硕士学位论文, 2009, 39-40.

[93] 王雨，李高阳，单杨. 野桂花蜜的总酚酸含量测定及其抗氧化性研究 [J]. 中国蜂业，2014，65（4）：39-43.

[94] 李斌，赵悦，毕金峰，等. 热风和热风-脉动压差闪蒸联合干燥对草莓色泽及品质的影响 [J]. 现代食品科技，2016，（12）：210-216.

[95] Karmas R, Pilar Buera M, Karel M. Effect of glass transition on rates of nonenzymic browning in food systems [J]. Journal of Agricultural and Food Chemistry, 1992, 40 (5): 873-879.

[96] Yun D, Yanyun Z. Effect of pulsed vacuum and ultrasound osmopretreatments on glass transition temperature, texture, microstructure and calcium penetration of dried apples (Fuji) [J]. LWT - Food Science and Technology, 2008, 41 (9): 1575-1585.

[97] Chen Z G, Guo X Y, Wu T. A novel dehydration technique for carrot slices implementing ultrasound and vacuum drying methods [J]. Ultrasonics Sonochemistry, 2016, 30: 28-34.

[98] 陈启聪，黄惠华，王娟，等. 香蕉粉喷雾干燥工艺优化 [J]. 农业工程学报，2010，26（8）：331-337.

[99] 卢义龙，王明力，李慧慧，等. 喷雾干燥技术在食品工业中的应用现状 [J]. 安徽农业科学，2015，43（11）：276-278.

[100] Arzeni C, K. Martínez, Zema P, et al. Comparative study of high intensity ultrasound effects on food proteins functionality [J]. Journal of Food Engineering, 2012, 108 (3): 463-472.

[101] 王晨光，方建国. 药物粉体流动性的测量方法和应用 [J]. 中国新药杂志，2013，22（7）：809-813.

[102] Mothibe K J, Min Z, Mujumdar A S, et al. Effects of ultrasound and microwave pretreatments of apple before spouted bed drying on rate of dehydration and physical properties [J]. Drying Technology, 2014, 32 (15): 1848-1856.

[103] Mothibe K J, Zhang M, Nsor-Atindana J, et al. Use of ultrasound pretreatment in drying of fruits: drying rates, quality attributes, and shelf life extension [J]. Drying Technology, 2011, 29 (14): 1611-1621.

[104] Shi X F, Chu J Z, Zhang Y F, et al. Nutritional and active ingredients of medicinal chrysanthemum flower heads affected by different drying methods [J]. Industrial Crops & Products, 2017, 104: 45-51.

［105］ Antonio Vega-Gálvez, Ah-Hen K , Chacana M, et al. Effect of temperature and air velocity on drying kinetics, antioxidant capacity, total phenolic content, colour, texture and microstructure of apple (var. Granny Smith) slices ［J］. Food Chemistry, 2012, 132 (1)：51-59.

［106］ Ordóñez-Santos L E, Martínez-Girón J, Arias-Jaramillo M E. Effect of ultrasound treatment on visual color, vitamin C, total phenols, and carotenoids content in Cape gooseberry juice ［J］. Food Chemistry, 2017, 233：96-100.

［107］ 周碧青, 张素平, 张金彪. 分光光度法和比色卡法快速测定蜂蜜中羟甲基糠醛 ［J］. 分析试验室, 2016, 35 (5)：586-589.

［108］ 张杰. 蜂蜜热处理过程中羟甲基糠醛的影响因素研究 ［D］. 福州：福建农林大学硕士学位论文, 2012, 19-33.

［109］ 张龙. 鸡蛋制品的研制及其功能特性的研究 ［D］. 哈尔滨：东北农业大学硕士学位论文, 2003, 1-2.

［110］ Maurice D V, Lightsey S F, Hsu K T, et al. Cholesterol in eggs from different species of poultry determined by capillary GLC ［J］. Food Chemistry, 1994, 50 (4)：367-372.

［111］ 邓杰, 刘静波, 潘风光, 等. 蛋粉的加工工艺及其应用研究——蛋粉的功能特性研究 ［J］. 中国家禽, 2010, 32 (24)：38-41.

［112］ 李勇. 营养与食品卫生学 (北京大学医学教材) ［M］. 北京：北京大学医学出版社, 2005.

［113］ 马爽, 刘静波, 王二雷. 蛋粉加工及应用的研究现状分析 ［J］. 中国家禽, 2010, 32 (24)：41-44.

［114］ 迟玉杰, 沈青, 赵英, 等. 提高全蛋粉速溶性的研究 ［J］. 中国家禽, 2016, 38 (12)：1-3.

［115］ 甘予华, 钱向明. 专用全蛋粉工业化生产技术 ［J］. 现代商贸工业, 2001 (6)：44-46.

［116］ Powrie W D. Chemistry of eggs and egg products ［J］. Egg Science & Technology, 1977.

［117］ 刘静波, 马爽, 刘博群, 等. 不同干燥方式对全蛋粉冲调性能的影响 ［J］. 农业工程学报, 2011, 27 (12)：383-388.

［118］ Ko M, Ko B, Susyal G, et al. Functional and physicochemical properties of whole egg powder：effect of spray drying conditions ［J］. J Food Sci Technol, 2011, 48

（2）：141-149.

[119] 李笑梅，徐丽萍，綦凤兰，等．醋蛋粉的研制［J］．中小企业科技信息，1998（5）：8-9.

[120] 张京芳，陈锦屏．鹌鹑蛋黄粉加工工艺研究［J］．食品科技，2005（6）：37-40.

[121] Chen C，Chi Y J，Xu W. Comparisons on the functional properties and antioxidant activity of spray-dried and freeze-dried egg white protein hydrolysate［J］. Food & Bioprocess Technology，2012，5（6）：2342-2352.

[122] 刘志东，郭本恒．食品流变学的研究进展［J］．食品研究与开发，2006，27（11）：211-215.

[123] 雷勇刚．大豆酸奶流变学特性及微观结构的研究［D］．广州：华南理工大学硕士学位论文，2013，4-5.

[124] 陈坤杰．蜂乳的流变特性研究［J］．农业机械学报，2000，31（4）：64-66.

[125] 陈克复．食品流变学及其测量［M］．北京：轻工业出版社，1989.

[126] 张玮．热剪切诱导蛋白质/淀粉流变学特性的研究［D］．北京：中国农业科学院硕士学位论文，2016，2-3.

[127] Benezech T，Maingonnat J F. Characterization of the rheological properties of yoghurt—A review［J］. Journal of Food Engineering，1994，21（4）：447-472.

[128] 艾治余．超声波对流体的作用效应研究［D］．西安：西安石油大学硕士学位论文，2015，16-21.

[129] 王方．超声波降低原油黏度的室内实验研究［D］．青岛：中国石油大学（华东）硕士学位论文，2010.

[130] Hasan S W，Ghannam M T，Esmail N. Heavy crude oil viscosity reduction and rheology for pipeline transportation［J］. Fuel，2010，89（5）：1095-1100.

[131] 胡昊，胡坦，许琦，等．高场强超声波技术在食品蛋白质加工中的应用研究进展［J］．食品科学，2015，36（15）：260-265.

[132] 王振斌，赵帅，邵淑萍，等．超声波辅助淀粉双酶水解技术及其机理［J］．粮油学报，2014，29（5）：42-47.

[133] 汪艳群，孟宪军．超声波处理对北五味子多糖抗氧化活性的影响［J］．食品科学，2016，37（3）：66-70.

[134] Arzeni C，Pérez O E，Amr P. Functionality of egg white proteins as affected

by high intensity ultrasound［J］.Food Hydrocolloids，2012，29（2）：308-316.

［135］ Sun Y，Chen J，Zhang S，et al. Effect of power ultrasound pre-treatment on the physical and functional properties of reconstituted milk protein concentrate［J］.Journal of Food Engineering，2014，124（4）：11-18.

［136］ 王振斌，刘加友，马海乐，等.无花果多糖提取工艺优化及其超声波改性［J］.农业工程学报，2014，30（10）：262-269.

［137］ 聂卉，李辰，陈雨，等.超声处理对马铃薯淀粉糊流体性质和表观黏度的影响［J］.食品科学，2016，37（15）：19-24.

［138］ 陈洁，郭泽镔，刘贵珍，等.超声波处理木薯淀粉对其流变特性的影响［J］.福建农林大学学报（自然版），2013，42（1）：86-92.

［139］ 朱巧巧，兰冬梅，林晓岚，等.不同超声时间处理对锥栗淀粉流变性质的影响［J］.贵州农业科学，2014（12）：214-216.

［140］ Romero J C A，Yépez V B D. Ultrasound as pretreatment to convective drying of Andean blackberry（*Rubus glaucus* Benth）［J］.Ultrasonics Sonochemistry，2015，22：205-210.

［141］ Santacatalina J V，Rodríguez O，Simal S，et al. Ultrasonically enhanced low-temperature drying of apple：Influence on drying kinetics and antioxidant potential［J］.Journal of Food Engineering，2014，138（138）：35-44.

［142］ 罗登林，徐宝成，刘建学.超声波联合热风干燥香菇片试验研究［J］.农业机械学报，2013，44（11）：185-189.

［143］ Cárcel J A，Garcia-perez J V，Riera E，et al. Improvement of convective drying of carrot by applying power ultrasound—influence of mass load density［J］.Drying Technology，2010，29（2）：174-182.

［144］ 吕为乔，韩清华，李树君，等.微波干燥姜片模型建立与去水机理分析［J］.农业机械学报，2015，46（4）：233-237.

［145］ Romero J C A，Yépez V B D. Ultrasound as pretreatment to convective drying of Andean blackberry（*Rubus glaucus* Benth）［J］.Ultrasonics Sonochemistry，2015，22：205-210.

［146］ Santacatalina J V，Rodríguez O，Simal S，et al. Ultrasonically enhanced low-temperature drying of apple：Influence on drying kinetics and antioxidant potential［J］.Journal of Food Engineering，2014，138（138）：35-44.

[147] Tekin Z H, Başlar M, Karasu S, et al. Dehydration of green beans using ultrasound-assisted vacuum drying as a novel technique: drying kinetics and quality parameters [J] . Journal of Food Processing & Preservation, 2017.

[148] Fuente C I A L, Zabalaga R F, Tadini C C. Combined effects of ultrasound and pulsed-vacuum on air-drying to obtain unripe banana flour [J] . Innovative Food Science & Emerging Technologies , 2017.

[149] Başlar M, Kiliçli M, Toker O S, et al. Ultrasonic vacuum drying technique as a novel process for shortening the drying period for beef and chicken meats [J] . Innovative Food Science & Emerging Technologies, 2014, 26: 182-190.

[150] Başlar M, Kiliçli M, Yalinkiliç B. Dehydration kinetics of salmon and trout fillets using ultrasonic vacuum drying as a novel technique [J] . Ultrasonics Sonochemistry, 2015, 27: 495.

[151] Bemiller J N. Pasting, paste, and gel properties of starch-hydrocolloid combinations [J] . Carbohydrate Polymers, 2011, 86 (2): 386-423.

[152] Ahmed J, Singh A, Ramaswamy H S, et al. Effect of high-pressure on calorimetric, rheological and dielectric properties of selected starch dispersions [J] . Carbohydrate Polymers, 2014, 103 (4): 12-21.

[153] 余振宇, 姜绍通, 潘丽军, 等. 芋头浆的流变特性 [J] . 食品科学, 2015, 36 (7): 36-40.

[154] 王常斌, 魏淑惠, 贾辉. 超声波频率对聚合物溶液流变性的影响 [J] . 石油钻采工艺, 2004, 26 (1): 72-74.

[155] 田少君, 雷继鹏, 孙阿鑫. 大豆蛋白的流变特性及其黏度的数学模型研究 [J] . 中国粮油学报, 2005 (2): 53-56.

[156] Lu T J, Lin J H, Chen J C, et al. Characteristics of taro (Colocasia esculenta) starches planted in different seasons and their relations to the molecular structure of starch [J] . Journal of Agricultural & Food Chemistry, 2008, 56 (6): 2208-15.

[157] 孙忠伟. 芋头淀粉的提取及其性质的研究 [D] . 无锡: 江南大学硕士学位论文, 2004, 6-10.

[158] 杨述, 高昕, 于甜, 等. 4 种蛋黄酱的流变特性比较研究 [J] . 食品科学, 2011, 32 (15): 121-125.

［159］ 汪海波，王孟津，张寒俊，等．草鱼鱼鳞胶原蛋白的流变学性能研究［J］．食品科学，2009，30（23）：138-142.

［160］ 许学勤，朱巧力，徐莹秋．芒果浓缩汁的流变学特性［J］．食品与生物技术学报，2011，30（1）：32-36.

［161］ 罗昌荣，麻建国，许时婴．破碎温度对番茄酱流变性质与果胶分子结构的影响［J］．食品科学，2001，22（8）：24-29.

［162］ And S I, Nishinari K. "Weak Gel"-Type rheological properties of aqueous dispersions of nonaggregated κ-carrageenan helices［J］. Journal of Agricultural & Food Chemistry，2001，49（9）：4436.

［163］ Chen Z G, Guo X Y, Wu T. A novel dehydration technique for carrot slices implementing ultrasound and vacuum drying methods［J］. Ultrasonics Sonochemistry，2016，30：28-34.

［164］ Başlar M, Kiliçli M, Yalinkiliç B. Dehydration kinetics of salmon and trout fillets using ultrasonic vacuum drying as a novel technique［J］. Ultrasonics Sonochemistry，2015，27：495.

［165］ 赵芳．超声波辅助污泥热风干燥热湿耦合迁移过程的研究［D］．南京：东南大学博士学位论文，2012，11-12.

［166］ 张绪坤，苏志伟，王学成，等．污泥过热蒸汽与热风薄层干燥的湿分扩散系数和活化能分析［J］．农业工程学报，2013，29（22）：226-235.

［167］ Madamba P S, Driscoll R H, Buckle K A. The thin-layer drying characteristics of garlic slices［J］. Journal of Food Engineering，1996，29（1）：75-97.

［168］ Bruce D M. Exposed-layer barley drying：Three models fitted to new data up to 150℃［J］. Journal of Agricultural Engineering Research，1985，32（4）：337-348.

［169］ Page G E. Factors influencing the maximum rates of air drying shelled corn in thin layers［J］．1949.

［170］ Henderson S M, Pabis S. Grain drying theory, II. Temperature effects on drying coefficients［J］. Journal of Agricultural Engineering Research，1961，44（2）：1111-1122.

［171］ Togrul I T, Pehlivan D. Mathematical modelling of solar drying of apricots in thin layers［J］. Journal of Food Engineering，2003，55（3）：209-216.

［172］ Henderson S M. Progress in developing the thin layer drying equation

[J]．Transactions of the Asae，1974，17（6）：1167-1168.

[173] Yaldiz O，Ertekin C，Uzun H I. Mathematical modeling of thin layer solar drying of sultana grapes [J]．Energy，2001，26（5）：457-465.

[174] Balasubramanian S，Sharma R，Gupta R K，et al. Validation of drying models and rehydration characteristics of betel (*Piper betel* L.) leaves [J]．Journal of Food Science and Technology，2011，48（6）：685-691.

[175] Diamante L M，Munro P A. Mathematical modelling of hot air drying of sweet potato slices [J]．International Journal of Food Science & Technology，1991，26（1）：99-109.

[176] 关志强，王秀芝，李敏，等．荔枝果肉热风干燥薄层模型 [J]．农业机械学报，2012，43（2）：151-158.

[177] Udomkun P，Argyropoulos D，Nagle M，et al. Single layer drying kinetics of papaya amidst vertical and horizontal airflow [J]．LWT - Food Science and Technology，2015，64（1）：67-73.

[178] 赵芳，程道来，陈振乾．超声波处理对污泥热风干燥过程的影响 [J]．农业工程学报，2015，31（4）：272-276.

[179] Romero J C A，Yépez V B D. Ultrasound as pretreatment to convective drying of Andean blackberry (*Rubus glaucus* Benth) [J]．Ultrasonics Sonochemistry，2015，22：205-210.

[180] Santacatalina J V，Rodríguez O，Simal S，et al. Ultrasonically enhanced low-temperature drying of apple：Influence on drying kinetics and antioxidant potential [J]．Journal of Food Engineering，2014，138（138）：35-44.

[181] Tekin Z H，Başlar M，Karasu S，et al. Dehydration of green beans using ultrasound-assisted vacuum drying as a novel technique：drying kinetics and quality parameters [J]．Journal of Food Processing & Preservation，2017.

[182] Fuente C I A L，Zabalaga R F，Tadini C C. Combined effects of ultrasound and pulsed-vacuum on air-drying to obtain unripe banana flour [J]．Innovative Food Science & Emerging Technologies，2017.

[183] Başlar M，Kiliçli M，Toker O S，et al. Ultrasonic vacuum drying technique as a novel process for shortening the drying period for beef and chicken meats [J]．Innovative Food Science & Emerging Technologies，2014，26：182-190.

[184] Başlar M，Kiliçli M，Yalinkiliç B. Dehydration kinetics of salmon and trout fillets using ultrasonic vacuum drying as a novel technique [J]. Ultrasonics Sonochemistry，2015，27：495.

[185] 侯玉泽，丁晓雯. 食品分析 [M]. 郑州：郑州大学出版社，2011.

[186] 叶蕾，郭本恒，龚广予，等. 钙强化豆奶稳定性研究 [J]. 安徽农业科学，2009，37 (17)：8175-8176.

[187] 刘丽莉，王焕，李丹，等. 鸡蛋清卵白蛋白酶解工艺优化及其结构性质 [J]. 食品科学，2016，37 (10)：54-61.

[188] 钟俊桢，涂越，刘伟，等. 动态高压微射流协同糖基化对 β-乳球蛋白乳化性和结构的影响 [J]. 食品科学，2014，35 (1)：7-11.

[189] Pearce K N，Kinsella J E. Emulsifying properties of proteins：evaluation of a turbidimetric technique [J]. Journal of Agricultural & Food Chemistry，1978，26 (3)：716-723.

[190] Law C L. Color change kinetics of American ginseng (*Panax quinquefolium*) slices during air impingement drying [J]. Drying Technology，2014，32 (4)：418-427.

[191] 郝丽芳. 鸡蛋贮藏期间蛋黄比较蛋白质组学研究 [D]. 武汉：华中农业大学硕士学位论文，2014，4-5.

[192] 包中宇. 超声波技术对大豆分离蛋白功能性质、结构及凝胶特性的影响 [D]. 南昌：南昌大学硕士学位论文，2015，6-15.

[193] 毕爽，江连洲，毛惠婷，等. 超声波处理对大豆分离蛋白-磷脂相互作用及其复合物功能性质的影响 [J]. 食品科学，2016，37 (17)：1-6.

[194] 毕爽，马文君，李杨，等. 脉冲电场-超声波作用对黑豆球蛋白功能性质的影响 [J]. 食品科学，2016，37 (9)：7-12.

[195] 戚亭，陈雪忠，刘志东，等. 超声处理对南极磷虾蛋白功能特性的影响 [J]. 食品与发酵工业，2017，43 (7)：174-180.

[196] 王长远，许凤，张敏. 超声时间对米糠蛋白理化和功能特性的影响 [J]. 中国粮油学报，2014，29 (12)：43-47.

[197] 涂宗财，马达，王辉，等. 超声波对鸡肉肌浆蛋白理化性质和结构的影响 [J]. 食品科学，2013，34 (19)：32-36.

[198] 周冰，张懋，王玉川，等. 两种不同干燥方式对不同预处理方式的脱盐鸭蛋清品质的影响 [J]. 食品与生物技术学报，2013，32 (12)：1311-1318.

[199]　刘高梅，任海伟. 不同功率超声波对芸豆蛋白理化和功能性质的影响 [J]. 中国粮油学报，2012，27 (12)：17-21.

[200]　蒲东. 生地中梓醇富集纯化工艺路线及降血糖活性功能评价 [D]. 重庆：西南大学硕士学位论文，2011.

[201]　桑迎迎，周国燕，王爱民，等. 中药材干燥技术研究进展 [J]. 中成药，2010，32 (12)：2140-2144.

[202]　陈国安，周桃英. 超声波辅助提取苦荞黄酮工艺的优化 [J]. 湖北农业科学，2012，51 (22).

[203]　黎继烈，张慧，曾超珍，等. 超声波辅助提取金橘柠檬苦素工艺研究 [J]. 中国食品学报，2009，8.

[204]　国家药典委员会. 中华人民共和国药典 (一部) [M]. 北京：化学工业出版社，2010.

[205]　宋子荣，谭子骏，陈西松. 地黄提取工艺的优化 [期刊论文]. 中国试验方剂学杂志，2006 (01).

[206]　李更生，王慧森，刘明. 地黄中环烯醚萜苷类化学成分的研究 [J]. 中医研究，2008，2 (5).

[207]　刘长河，张留记，李更生. 地黄中地黄苷 A 的含量测定 [J]. 中草药，2002，33 (8)：706.

[208]　吕杨. 地黄总环烯醚萜部位的制备及质量控制研究 [D].2009.

[209]　王太霞，李景原，胡正海. 地黄的形态结构与化学成分研究进展 [J]. 中草药，2004，35 (5)：585-587.

[210]　赵素容. 地黄中梓醇提取分离工艺及其生物活性研究 [D]. 北京：中国军事医学科学院博士学位论文.2006.

[211]　边宝林，杨建，何伟，等. 地黄叶提取物及其制备方法和用途、用该提取物制备的药物：中国，200610021877.4 [P].2007-04-18.

[212]　马晓建，祝春进，赵银峰，等. 小麦淀粉浆糖化醪流变特性研究 [J]. 郑州工程学院学报，25 (4)：40-50，2004.

[213]　王清章，邱承光，彭光华，等. 莲藕粉糊的流变特性试验研究 [J]. 农业工程学报，18 (4)：116-119，2004.

[214]　胡珊珊，王颉，孙剑锋，等. 羟丙基木薯淀粉流变特性的研究 [J]. 食品科学，33 (17)：73-77，2012.

[215]　Akpinar E K, Bicer Y. Mathematical modeling of thin layer drying process of

long green pepper in solar dryer and under open sun [J]．Energy Conv Manage，49：1367-1375，2008.

[216]　Ferraza A C O，Gauri S M，Walter K B，et al. Mathematical modeling of laser based potato cut ting and peeling [J]．Biosystems，90（3）：602-613.

[217]　Doymaz I. The kinetics of forced convective air-drying of pump in slices [J]．J Food Engineering，79（1）：243-248，2007.

[218]　王莹，李页瑞，刘雪松，等．赤芍浸膏微波真空低温干燥特性及动力学模型研究 [J]．中国医院药学杂志，29（23）：921-925，2009.

[219]　殷竹龙，朱国琼，陈跃飞，等．带式真空干燥技术在穿心莲浸膏干燥中的应用 [J]．现代中药研究与实践，22（6）：57-59，2007.

[220]　明纪堂．医用物理学（第3版）[M]．北京：人民卫生出版社，1999.

[221]　冯若．超声手册 [M]．南京：南京大学出版社，1999.

[222]　李雪．紫苏挥发油的超声辅助提取工艺及化学成分研究 [D]．杭州：浙江大学硕士学位论文，2011.

[223]　冷雪娇，章林，黄明．超声波技术在肉品加工中的应用 [J]．食品工业科技，2012，33（10）：394-397.

[224]　John Crank. The Mathematics of Diffusion [M]．second ed. London，UK：Oxford University Press，1975.

[225]　Mahesh Ganesa Pillai. Thin layer drying kinetics，characteristics and modeling of plaster of paris [J]．Chemical Engineering Research and Design，2013，91（6）：1028-1027.

[226]　Wilton Pereira da Silva，Cleide M D P S e Silva，Fernando J A Gama，et al. Mathematical models to describe thin-layer drying and to determine drying rate of whole bananas [J]．Journal of the Saudi Society of Agricultural Sciences，2014，13（1）：67-74.

[227]　Balachandran S，Kentish S E，Mawson R，et al. Ultrasonic enhancement of the supercritical extraction from ginger [J]．Ultrasonic Sonochemistry，2006，13（6）：471-479

[228]　Thompson L H，Doraiswamy L K. Sonochemistry：Science and engineering [J]．English Chemistry Research，1999，38：1215-1249.

[229]　马空军，黄玉代，贾殿赠，等．超声空化泡相界面逸出时相间传质的研究 [J]．声学技术，2008，27（8）486-491.

[230] Deng Y，Zhao Y Y. Effect of pulsed vacuum and ultrasound osmopretreatments on glass transition temperature，texture，microstructure and calcium penetration of dried apples (Fuji) [J]．LWT-Food Science and Technology，2008，41：1575-1585.

[231] Cai J，Huai X，Yan R，et al. Numerical simulation on enhancement of natural convection heat transfer by acoustic cavitation in a square enclosure [J]．Applied Thermal Engineering，2009，29：1973-1982.

[232] Loh B G，Hyun S，Ro P I，et al. Acoustic streaming induced by ultrasonic flexural vibrations and associated enhancement of convective heat transfer [J]．Journal of the Acoustical Society of America，2002，11：875-883.

[233] Kiani H，Sun D W，Zhang Z H. The effect of ultrasound irradiation on the convective heat transfer rate during immersion cooling of a stationary sphere [J]．Ultrasonics Sonochemistry，2012，19：1238-1245.

[234] Victor F. Humphrey. Ultrasound and matter——Physical interactions [J]．Progress in Biophysics and Molecular Biology，2007，93：195-211.

[235] 高永慧，耿小丕．超声波清洗液温度变化规律的研究 [J]．承德石油高等专科学校学报，2005，7 (3)：39-41.

[236] Yan J K，Wang Y Y，Ma H L，et al. Ultrasonic effects on the degradation kinetics，preliminary characterization and antioxidant activities of polysaccharides from Phellinus linteus mycelia [J]．Ultrasonics Sonochemistry，2016，29 (23)：251-257.

[237] Zhou C S，Ma H L. Ultrasonic degradation of polysaccharide from a Red Algae (Porphyra yezoensis) [J]．J Agric Food Chem，2006，54 (6)：2223-2228.

[238] 李坚斌，李琳，陈玲，等．超声波处理下马铃薯淀粉糊的流变学特性 [J]．华南工大学学报 (自然科学版)，2006，34 (3)：90-96.

[239] Portenliinger G，Heusinger H. The influence of frequency on the mechanical and radical effects for the ultrasonic degradation of dextranes [J]．Ultrasonics Sonochemistry，1997，4 (2)：127-130.

[240] Azoubel P M，Baima M A M，Amorim M R，et al. Effect of ultrasound on banana cvPacovan drying kinetics [J]．Journal of Food Engineering，2010，97：194-198.

［241］ Puig A，Perez-Munuera I，Carcel J A，et al. Moisture loss kinetics and mi- crostructural changes in eggplant（Solanum melongena L.）during conven- tional and ultrasonically assisted convective drying［J］. Food and Bioprod- ucts Processing，2012，90：624-632.

［242］ 何正斌，郭月红，伊松林，等. 木材超声波-真空协同干燥的动力学研究. 北京林业大学学报，2012，34（2）：133-136.

［243］ Ramesh M N，Wolf W，Tevini D，et al. Influence of processing parameters on the drying of spice paprika［J］. Journal of Food Engineering，2001，49 （1）：63-72.

［244］ Ihsan Karabulut，Ali Topcu，Ayhan Duran，et al. Effect of hot air drying and sun drying on color values and β-carotene content of apricot（*Prunus ar- menica* L.）［J］. LWT-Food Science and Technology，2007，40（5）：753-758.

［245］ Takahiro Orikasa，Shoji Koide，Shintaro Okamoto，et al. Impacts of hot air and vacuum drying on the quality attributes of kiwifruit slices［J］. Journal of Food Engineering，2014，125：51-58.

［246］ Wankhade P K，Sapkal R S，Sapkal V S. Drying Characteristics of Okra slices on drying in Hot Air Dryer［J］. Procedia Engineering，2013，51：371-374.

［247］ 朱文学，种翠娟，刘云宏，等. 胡萝卜薄层干燥动力学模型研究［J］. 食品科学，2014，35（9）：24-29.

［248］ A Hawlader M N，Perera C O，Yeo M T K L. Drying of guava and papaya：impact of different drying methods［J］. Dry Technology，2006，24（1）：77-87.

［249］ 任迪峰. 中药材干燥过程中质量退化及优化干燥工艺的研究［D］. 北京：中国农业大学博士学位论文，2002.

［250］ 罗燕燕，张绍青，索建政，等. 高效液相色谱法测定地黄中梓醇的含量［J］. 中国药学杂志，1994，29（1）：38-39.

［251］ 李计萍，马华，王跃生，等. 鲜地黄与干地黄中梓醇、糖类成分含量的比较［J］. 中国药学杂志，2001，36（5）：300-302.

［252］ 张群. 高效液相色谱法测定不同品种怀地黄中梓醇和毛蕊花糖苷及提取工艺优化分析［J］. 四川中医，2015，33（1）：95-97.

[253] 赵宇，温学森，武卫红．地黄不同炮制品中梓醇含量分析现状 [J]．中国药学杂志，2007，42（7）：486-488，553．

[254] 毛维伦，许腊英，袁义华．头风灵胶囊中地黄的定性定量分析 [J]．湖北中医杂志，2001，23（8）：46-47．

[255] 赵新峰，孙毓庆．毛细管区带电泳法测定地黄中梓醇的含量 [J]．药物分析杂志，2002，22（6），471-473．

[256] 李民，辛杰，王春艳，等．地黄中梓醇含量与产区相关性研究 [J]．中国药物评价，2014，31（4）：212-214．

[257] Kiani H，Sun D W，Zhang Z H. The effect of ultrasound irradiation on the convective heat transfer rate during immersion cooling of a stationary sphere [J]．Ultrasonics Sonochemistry，2012，19：1238-1245，

[258] 刘云宏，朱文学，刘建学．地黄真空红外辐射干燥质热传递分析 [J]．农业机械学报，2011，42（10）：135-140．

[259] 朱文学，刘云宏，马海乐．地黄真空红外辐射干燥过程中梓醇降解动力学研究 [J]．农业机械学报，2010，41：172-177，256．

[260] 纪勋光，张力伟，车刚，等．微波真空干燥技术的探讨 [J]．干燥技术与设备，2009，7（5）：224-227．

[261] Akpinar E K，Bicer Y，Yildiz C. Thin layer drying of red pepper [J]．Journal of Food Engineering，2003，59：99-104．

[262] Henderson S M，Pabis S. Grain drying theory. II Temperature effects on drying coefficients [J]．Journal of Agricultural Engineering Research，1961（6）：169-174．

[263] Hii C L，Law C L，Cloke M. Modeling using a new thin layer drying model and product quality of cocoa [J]．Journal of Food Engineering，2009，90：191-198．

[264] Strumillo C，Zbicinski I，Liu X D. Effect of particle structure on quality retention of biomaterials during thermal drying [J]．Drying Technology，1996，14（9）：1221-1224．

[265] 刘砚墨．三种中药浸膏微波真空干燥工艺优化及降解动力学研究 [D]．杭州：浙江大学硕士学位论文，2011．

[266] Medeni Maskan. Kinetics of colour change of kiwifruits during hot air and microwave drying [J]．Journal of Food Engineering，2001，48（2）：169-175．

[267] Nisha P，Singhal R S，Pandit A B. A study on the degradation kinetics of vis-

ual green colour in spinach (*Spinacea oleracea* L.) and the effect of salt there in [J] . Journal of Food Engineering, 2004, 64 (1): 135-142.

[268] 杨飞, 何正斌, 赵阳, 等. 超声波-真空协同干燥自由水迁移速率 [J] . 东北林业大学学报, 2012, 40 (12): 103-107.

[269] 关志强, 王秀芝, 李敏, 等. 荔枝果肉热风干燥薄层模型 [J] . 农业机械学报, 2012 (2), 151-158.

[270] 张绪坤, 苏志伟, 王学成, 等. 污泥过热蒸汽与热风薄层干燥的湿分扩散系数和活化能分析 [J] . 农业工程学报, 2013, 29 (22): 226-235.

[271] Zuo Y Y J, Hébraud P, Hemar Y, et al. Quantification of high-power ultrasound induced damage on potato starch granules using light microscopy [J] . Ultrasonics sonochemistry, 2012, 19 (3): 421-426.

[272] 张科, 郭建华, 田成旺, 等. 不同处理方法及影响因素对地黄中梓醇量的影响 [J] . 中草药, 2013, 44 (7): 896.

[273] Taheri-Garavand A, Rafiee S, Keyhani A. Study on effective moisture diffusivity, activation energy and mathematical modeling of thin layer drying kinetics of bell pepper [J] . Aust J Crop Sci, 2011, 5 (2): 128.

[274] Midilli A, Kucuk H, Yapar Z A. New model for single layer drying [J] . Drying Technology, 2002, 20 (7): 1503-1513.

[275] Karathanos V T. Determination of water content of dried fruits by drying kinetics [J] J Food Eng, 1999, 39 (4): 337.

[276] Henderson S M. Progress in developing the thin layer drying equation [J] . Transactions of the ASAE, 1974, 17 (6): 1167-1172.

[277] Henderson S M, Pabis S. Grain drying theory II. Temperature effects on drying coefficients [J] . Journal of Agricultural Engineering Research, 1961, 6 (4): 169-174.

[278] Yaldiz O, Ertekin C, Uzun H I. Mathematical modeling of thin layer solar drying of sultana grapes [J] . Energy, 2001, 26 (5): 457-465.

[279] Pillai M G. Thin layer drying kinetics, characteristics and modeling of plaster of paris [J] . Chemical Engineering Research and Design, 2013, 91 (6): 1018-1027.

[280] 张绪坤, 孙瑞晨, 王学成, 等. 污泥过热蒸汽薄层干燥特性及干燥模型构建 [J] . 农业工程学报, 2014, 30 (14): 258-266.

[281] Baslar M，Kilicli M，Yalinkilic B. Dehydration kinetics of salmon and trout fillets using ultrasonic vacuum drying as a novel technique [J]．Ultrasonics Sonochemistry，2015，27：495-502.

[282] Baslar M，Kilicli M，TOKER O S，et al. Ultrasonic vacuum drying technique as a novel process for shortening the drying period for beef and chicken meats [J]．Innovative Food Science & Emerging Technologies，2014，26：182-190.

[283] 崔方玲，纪威. 超声空化气泡动力学仿真及其影响因素分析 [J]．农业工程学报，2013，29（17）：24-29.

[284] 李凯，蒙丽丹，苏佳廷，等. 双频超声强化酯交换合成蔗糖月桂酸单酯工艺 [J]．应用化工，2016，45（7）：1224-1227，1231.

[285] 李娜，李瑜. 利用低场核磁共振技术分析冬瓜真空干燥过程中的内部水分变化 [J]．食品科学，2016，37（23）：84-88.

[286] Cheng S，Tang Y，Zhang T，et al. Approach for monitoring the dynamic states of water in shrimp during drying process with LF-NMR and MRI [J]．Drying Technology，2018，36（7）：841-848.

[287] 杜利平，崔莉，赵恒强，等. 基于低场核磁技术的不同花期金银花红外干燥过程中的水分变化 [J]．现代食品科技，2017，33（9）：189-194，201.

[288] 中华人民共和国国家卫生健康委员会. GB 5009.3—2016 食品安全国家标准 水分的测定 [S]．北京：中国标准出版社，2016.

[289] 王璨. 多频组合超声强化酶法制备大蒜风味物质的技术研究 [D]．北京：北京工商大学硕士学位论文，2010.

[290] 张磊，文青，赵子梦，等. 基于多模式超声场作用下的空泡空化机理 [J]．江苏大学学报（自然科学版），2017，38（3）：302-307.

[291] Dong C，Chen J，Guan R，et al. Dual-frequency ultrasound combined with alkali pretreatment of corn stalk for enhanced biogas production [J]．Renewable Energy，2018，127：444-451.

[292] Chen J，Huang X，Qi Y，et al. Process Optimization of Ultrasonic Extraction of Puerarin Based on Support Vector Machine [J]．Chinese Journal of Chemical Engineering，2014，22（7）：735-741.

[293] 杨日福，张凡，耿琳琳. 双频超声空化气泡动力学影响因素分析 [J]．计算机与应用化学，2016，33（6）：623-627.

[294] 魏彦君.南美白对虾超声波辅助热泵干燥动力学及品质特性研究[D].淄博：山东理工大学硕士学位论文，2014.

[295] 张鹏飞，吕健，毕金峰，等.超声及超声渗透预处理对红外辐射干燥特性研究[J].现代食品科技，2016，32（11）：197-202.

[296] 任广跃，刘亚男，乔小全，等.基于变异系数权重法对怀山药干燥全粉品质的评价[J].食品科学，2017，38（1）：53-59.

[297] Su Y, Zhang M, Bhandari B, et al. Enhancement of water removing and the quality of fried purple-fleshed sweet potato in the vacuum frying by combined power ultrasound and microwave technology [J]. Ultrasonics Sonochemistry, 2018, 44: 368-379.

[298] Li M, Wang H, Zhao G, et al. Determining the drying degree and quality of chicken jerky by LF-NMR [J]. Journal of Food Engineering, 2014, 139: 43-49.

[299] 吕为乔，韩清华，李树君，等.微波干燥姜片模型建立与去水机理分析[J/OL].农业机械学报，2015，46（4）：233-237.

[300] 王相友，魏忠彩，孙传祝，等.胡萝卜切片红外辐射干燥水分迁移特性研究[J/OL].农业机械学报，2015，46（12）：240-245.

[301] Li J, Li X, Wang C, et al. Characteristics of gelling and water holding properties of hen egg white/yolk gel with NaCl addition [J]. Food Hydrocolloids, 2018, 77: 887-893.

[302] 王雪媛，陈芹芹，毕金峰，等.热风-脉动压差闪蒸干燥对苹果片水分及微观结构的影响[J].农业工程学报，2015，31（20）：287-293.

[303] 李定金，段振华，刘艳，等.利用低场核磁共振技术研究调味山药片真空微波干燥过程中水分的变化规律[J].食品科学，2019，40（05）：116-123.

[304] Zhao Y, Chen Z, Li J, et al. Changes of microstructure characteristics and intermolecular interactions of preserved egg white gel during pickling [J]. Food Chemistry, 2016, 203: 323-330.

[305] Luyts A, Wilderjans E, Van Haesendonck I, et al. Relative importance of moisture migration and amylopectin retrogradation for pound cake crumb firming [J]. Food Chemistry, 2013, 141 (4): 3960-3966.

[306] 阚建全.食品化学[M].北京：中国农业大学出版社，2008.

[307] 刘宗博，张钟元，李大婧，等.双孢菇远红外干燥过程中内部水分的变化规

律［J］.食品科学，2016，37（9）：82-86.

[308] Cheng S，Zhang T，Wang X，et al. Influence of salting processes on water and lipid dynamics，physicochemical and microstructure of duck egg ［J］.LWT-Food Science and Technology，2018，95：143-149.

[309] Zhu W，Wang X，Chen L. Rapid detection of peanut oil adulteration using low-field nuclear magnetic resonance and chemometrics ［J］.Food Chemistry，2017，216：268-274.

[310] Au C，Wang T，Acevedo N C. Development of a low resolution H-1 NMR spectroscopic technique for the study of matrix mobility in fresh and freeze-thawed hen egg yolk ［J］.Food Chemistry，2016，204：159-166.

[311] Adiletta G，Iannone G，Russo P，et al. Moisture migration by magnetic resonance imaging during eggplant drying：a preliminary study ［J］.International Journal of Food Science and Technology，2014，49（12）：2602-2609.

[312] Cheng S，Zhang T，Yao L，et al. Use of low-field-NMR and MRI to characterize water mobility and distribution in pacific oyster（Crassostrea gigas）during drying process ［J］.Drying Technology，2018，36（5）：630-636.